U0794578

普通高等职业教育“十三五”规划教材

分析化学

司晓晶　主编
王文华　魏友利　王朝琳　副主编

中国石化出版社

内 容 提 要

本书主要介绍了定量分析，内容包括绪论、误差与分析数据处理、滴定分析概述、酸碱滴定、配位滴定、氧化还原滴定、沉淀滴定等内容，章节采用项目化模式编写，简要介绍了食品检验、药物分析的一般过程和实例，可以根据书后分析化学实验技能部分进行实验教学，理论实践一体化，有效提高学生实践操作和解决问题能力。

本书可作为高职高专院校食品、药学、医学检验等专业的教材，也可作为生物、化工、预防医学等专业的参考书。

图书在版编目(CIP)数据

分析化学／司晓晶主编．—北京：中国石化出版社，2019.3
普通高等职业教育“十三五”规划教材(2025.1重印)
ISBN 978-7-5114-5263-4

Ⅰ.①分… Ⅱ.①司… Ⅲ.①分析化学-高等职业教育-教材 Ⅳ.①O65

中国版本图书馆 CIP 数据核字(2019)第 056137 号

中国石化出版社出版发行
地址：北京市东城区安定门外大街 58 号
邮编：100011　电话：(010)57512500
发行部电话：(010)57512575
http://www.sinopec-press.com
E-mail:press@sinopec.com
宝蕾元仁浩(天津)印刷有限公司印刷
全国各地新华书店经销
*
787×1092 毫米 16 开本 9 印张 221 千字
2019 年 6 月第 1 版　2025 年 1 月第 2 次印刷
定价：28.00 元

前　言

本教材采用项目化模式编写，根据全国高职高专食品类、药学类和检验类专业教育改革和发展的需要，教学以就业为导向、能力为本位、学生为主体的指导思想和原则培养高素质技能型专门人才，确立了本课程的教学内容。

本教材在编写过程中按照注重内容的“思想性、科学性、先进性、启发性和实用性”的要求，结合十余年的教学经验，以力求内容“必需够用”为度，条理清楚，文字流畅，好教好学，且紧贴实际应用。本教材分为理论部分和实践部分，在理论部分中，重点是分析数据的数据处理和四大滴定分析方法，每一章的前面有“学习目标”，供学生在学习中把握重点难点，应用与实例中均有例题详解，章后附有同步练习及答案，供学生在课后能较好地消化课堂所学。在实践部分中，多为食品药品分析，强化了动手操作技能及数据记录和结果分析的能力，帮助学生正确地树立“量”的概念和分析问题、解决问题的能力。

本教材涉及的标准溶液浓度的表示、配制和标定及常用药物的测定方法均以《中华人民共和国药典》(2015 年版)为依据，计量单位及符号均用国际单位制表示。

本教材在编写过程中，得到了编者所在单位的大力支持和帮助，在此表示衷心的感谢。中国石化出版社也为本教材出版做了大量的工作，在此表示衷心的感谢。由于编者水平有限，书中不足之处在所难免，恳请读者批评指正。

目　　录

第一篇　分析化学基本知识

第二篇　分析化学操作技能

第一篇　分析化学基本知识

第一章　绪　　论

【学习目标】

1. 掌握分析化学的任务、分析方法的分类及分析过程和步骤。
2. 了解分析化学的作用和发展趋势。

【本章重点】

分析化学的任务、分析方法的分类。

【本章难点】

样品的分析过程和步骤。

【项目导入】

营养成分表是食品营养标签上的一个重要标示部分，见图 1-1，需要标明营养成分的含量及其占日摄入量的百分比。蛋白质、脂肪、碳水化合物、钠、磷、钾、钙的含量是如何得到的呢？这就需要学习分析化学的基本知识。

营养成分表

Nutritional Information

项目 Items	每100克 Per100g	营养素参考值% NRV%
能量 energy	1951千焦(kJ)	23%
蛋白质 protein	17.4克(g)	29%
脂肪 fat	20.9克(g)	35%
碳水化合物 carbohydrote	52.0克(g)	17%
-糖 -sugar	20.0克(g)	
钠 sodium	369毫克(mg)	18%
磷 phosphorus	316毫克(mg)	45%
钾 potassium	550毫克(mg)	28%
钙 calcium	500毫克(mg)	63%

图 1-1　营养成分表

第一节　分析化学的任务和作用

分析化学是研究物质的化学组成的测定方法、步骤及有关理论的一门学科。分析化学的任务是确定物质的化学组成、测量各组成的含量以及表征物质的化学结构。

分析化学，作为化学学科的一个重要分支，对化学学科本身的发展有突出的贡献。化学科学中元素的发现，相对原子质量的测定，元素周期律的建立，许多化学定理、理论的发现和确证都离不开分析化学。“人类有科技就有化学，化学从分析化学开始”。分析化学在科学研究、经济建设、医药卫生、食品安全、环境保护等方面都起着重要的作用。

在科学技术方面，分析化学的作用已远远超出化学领域，在生命科学、材料科学、环境科学、能源科学等众多领域的研究中，都需要知道物质的组成、含量、结构和形态等各种信息。例如，高新技术对材料的要求，不仅需要掌握其痕量杂质元素组成的变化，而且要了解元素及其形态的空间分布。现代各种分析方法对于确定蛋白质、核糖核酸、酶、维生素、生物碱、神经传导物质、抗原抗体、激素和激素受体的组成、结构、生物活性等均起决定性作用，许多医学研究的重大突破，都需要运用有效的分离技术和可靠的分析测试手段。20 世纪末，人类基因测序工程面临困难进展缓慢时，正是分析化学家对毛细管电泳分析方法的重大革新，才使这项伟大的工程得以提前完成。

在经济建设方面，分析化学的应用非常广泛。例如自然资源的勘测和开发利用，工业生产中新产品的研制生产，刑事犯罪的侦破，农业中水土分析、农药及化肥的使用到农作物生长过程的研究分析等都需要分析化学提供各种数据和信息。

在医药卫生方面，临床检验和诊断、生化检验、病理机制研究、中草药有效成分的分离和测定、药品质量的全面控制、药物的研制、药物代谢和药物动力学研究、药物制剂的稳定性、生物利用度和生物等效性研究，法医学中的法医检验、毒物分析、运动员兴奋剂的检测、成瘾药物检查等都是属于分析化学的范畴。

在食品安全和环境保护方面，分析化学具有重要的地位和作用。食品中营养成分的检测，添加剂及污染物检测，农药残留、有毒成分的检测，食品包装材料的检测，环境保护中对水质、大气质量的检测、“三废”(废水、废气、废渣)的综合治理等都需要应用分析化学。1999 年，比利时发生的食品二噁英污染事件，就是分析化学家发现了毒性饲料中的二噁英。

总之，分析化学与很多学科息息相关，故有科学技术的“眼睛”之美誉。当代科技经济的发展向分析化学提出了严峻的挑战，也为分析化学的发展创造了良好的机遇，拓展了分析化学的研究领域。

在食品、药学和医学检验类的专业教育中，分析化学是一门重要的专业基础课，在学习过程中，一定要理论联系实际，牢固树立“量”的概念，加强实验训练这个重要环节。通过学习此课程，掌握分析化学的基本原理和测定方法，正确掌握有关的科学实验技能，培养严谨的工作作风和实事求是的科学态度，提高分析问题和解决问题的能力。

第二节　分析化学的发展趋势

拉瓦锡在汞和氧形成氧化汞的实验中引入了定量测定，从而诞生了分析化学。科学技术和人类需求的发展，为分析化学的发展提供了理论基础和技术条件，也使分析化学不断面临新的挑战，促进分析化学学科的持续发展。20 世纪以来，分析化学学科的发展大致经历了三次巨大变革。

第一次是在 20 世纪初到 30 年代，随着分析化学基础理论，特别是物理化学的基本概念(如溶液理论)的发展，使分析化学从一种技术演变成为一门科学。

第二次变革是在 20 世纪 40~60 年代，由于物理学和电子学的发展，改变了经典的以化学分析为主的局面，使仪器分析获得蓬勃发展。

第二次变革是在20世纪70年代末开始发展至今。目前，分析化学正处在第三次变革时期，生命科学、环境科学、新材料科学发展的要求，生物学、信息科学、计算机技术的引入，使分析化学进入了一个崭新的境界。第三次变革的基本特点：从采用的手段看，是在综合光、电、热、声和磁等现象的基础上进一步采用数学、计算机科学及生物学等学科新成就对物质进行纵深分析的科学；从解决的任务看，现代分析化学已发展成为获取形形色色物质尽可能全面的信息、进一步认识自然、改造自然的科学。现代分析化学的任务已不只限于测定物质的组成及含量，而是要对物质的形态(氧化-还原态、络合态、结晶态)、结构(空间分布)、微区、薄层及化学和生物活性等作出瞬时追踪、无损和在线监测等分析及过程控制。随着计算机科学及仪器自动化的飞速发展，分析化学家也不能只满足于分析数据的提供，而是要和其他学科的科学家相结合，逐步成为生产和科学研究中实际问题的解决者。在近几十年间，光谱分析、色谱分析、电化学分析、联用技术、微型分析等领域都有了长足的进展。分析化学将吸收当代科学技术的最新成就，利用物质的一切可以利用的性质，建立分析化学的新方法、新技术，研制出相应的新型分析仪器。总之，近些年来，在全世界科学界和分析化学界，分析化学已走出化学，和数学、物理学、计算机科学、生物学等结合起来，发展成为一门多学科性的综合性科学。

第三节　分析化学方法的分类

分析方法的种类很多，按照不同的分类方法，可以分为以下几类。

一、定性分析、定量分析和结构分析

按分析任务(或目的)不同可分为：定性分析、定量分析、结构分析。

1. 定性分析

定性分析的任务是鉴定试样由哪些元素、离子、基团或化合物组成。

2. 定量分析

定量分析的任务是测定试样中某组分的相对含量。

3. 结构分析

结构分析的任务是研究物质的分子结构或晶体结构。

一般情况下，需先进行定性分析，弄清试样是什么，而后进行定量分析。在试样的成分已知时，可以直接进行定量分析。对于新发现的或结构未知的化合物，需首先进行结构分析，确定化合物的分子结构。随着现代分析技术尤其是联用技术和计算机、信息学的发展，常可同时进行定性、定量和结构分析。

二、无机分析和有机分析

按分析对象的不同可分为无机分析和有机分析。

1. 无机分析

其分析对象为无机化合物，无机化合物所含的元素种类繁多，主要是鉴定试样是由哪些元素、离子、原子团或化合物组成，以及各组分的相对含量。

2. 有机分析

其分析对象为有机化合物，虽然组成有机物的元素种类不多，但有机化合物结构比较复

杂，主要是对其进行官能团分析和结构分析。

三、化学分析和仪器分析

按分析方法原理的不同可分为化学分析和仪器分析。

1. 化学分析

化学分析法是利用物质的化学反应及其计量关系确定被测物质的组成及其含量的分析方法。化学分析法历史悠久，是分析化学的基础，又称为经典分析法。被分析的物质称为试样，与试样起反应的物质称为试剂。试剂与试样所发生的化学变化称为分析化学反应。化学分析包括化学定性分析和化学定量分析。

化学定性分析：根据定性分析反应的现象和特征鉴定物质的化学组成。

化学定量分析：根据定量分析反应中试样和试剂的用量，测定物质组成中各组分的相对含量。

化学定量分析主要有重量分析与滴定分析(或称容量分析)。化学分析法所用仪器比较简单，结果准确，因而应用广泛。但对于试样中痕量或微量杂质的定性或定量分析往往不够灵敏，只适用于常量组分的分析，且分析速度较慢。

2. 仪器分析

仪器分析又称为物理分析，是根据被测物质的某种物理性质与组分的关系而建立起来的分析方法。根据物质的某种物理性质，如相对密度、折射率、旋光度及光谱特征等，不经化学反应，直接进行定性定量和结构分析。目前，应用比较广泛的仪器分析方法包括电化学分析法、色谱分析法、光学分析法。

(1) 电化学分析法　是根据物质的电化学性质确定物质成分的分析方法。如电导分析法、电位分析法和电解分析法。

(2) 色谱分析法　是一种利用混合物中诸组分在两相间的分配原理以获得分离的方法。如液相色谱法、气相色谱法和离子色谱法。

(3) 光学分析法　是基于物质对光的吸收或激发后光的发射所建立起来的一类方法。如紫外-可见分光光度法、红外分光光度法、原子吸收和原子发射光谱法、荧光光谱法等。

仪器分析法具有灵敏、快速、准确、易于自动化等特点。适合于微量、半微量和超微量成分的分析，使用范围越来越广泛。仪器分析法和化学分析法是相辅相成的两类方法。仪器分析法的样品前处理过程(如分离、纯化等)必须依赖化学分析法。所以在实际应用中，针对不同的样品和要求，我们应该选择适当的方法来进行分析。

四、常量、半微量、微量与超微量分析

根据试样用量的多少，分析方法可分为：常量分析、半微量分析、微量分析与超微量分析。各种分析方法的取样量见表 1-1。

表 1-1　分析方法按试样用量分类

方法	试样质量	试液体积
常量分析	>0.1g	>10mL
半微量分析	0.01~0.1g	1~10mL
微量分析	0.1~10mg	0.01~1mL
超微量分析	<0.1mg	<0.01mL

在化学定量分析中，多采用常量分析方法；在无机定性分析中，多采用半微量分析方法；在仪器分析中，多采用微量分析和超微量分析。

此外，还可以根据试样被测组分的百分含量不同进行分类，可分为常量组分分析、微量组分分析、痕量组分分析。见表 1-2。

表 1-2　分析方法按被测组分的含量分类

方法	被测组分含量/%
常量组分分析	>0.1
微量组分分析	0.01~0.1
痕量组分分析	<0.01

需要注意的是，这两种分类法并不存在直接对应的关系，两种概念不能混淆。例如，痕量成分的测定有时取样量在千克以上。

五、例行分析和仲裁分析

根据分析测定的目的不同可分为例行分析和仲裁分析。

1. 例行分析

例行分析，一般化验室在日常生产或工作中的分析，又称为常规分析。

2. 仲裁分析

仲裁分析，是当不同单位对某一产品的分析结果有争议时，要求某仲裁单位用法定方法进行准确分析，以仲裁原分析结果是否正确。

显然，仲裁分析对分析方法和分析结果有较高的准确度。

第四节　分析测定一般过程

通常情况下，从接受分析任务到提交结果都要经历一个过程。由于分析对象或所选择的分析方法不同，具体的分析过程也会有差异，但主要包括以下 5 个步骤：测定方案设计、采样、预处理、含量测定、结果处理和表达。

一、测定方案设计

测定方案设计就是要根据测定任务制订一个整体实验规划，包括采用的方法、准确度、精密度要求等，还包括所需实验条件，如仪器设备、试剂等。为此，要了解试样的来源、测定的对象、样品数、可能存在的影响因素、待测组分的含量范围等。

二、采样

分析对象多种多样，含量差别很大，组成均匀程度不一。对物质进行分析时，每次所取的试样很少。这种从整体中抽取的代表性试样的过程称为采样。例如，生产的一批原料药物有 100kg，而实际分析的试样只需要 1g 或更少，如果所取的试样不能代表整体，那么无论分析测定做到如何“准确”，都是没有意义的。因此，必须采用科学方法，从分析的总试样中取出有代表性的试样进行分析。

三、预处理

试样进行预处理的目的就是要清除干扰组分，完整保留被测组分。所以预处理的方法要适当，要满足分解完全、分解速率快、分离测定容易、试样中待测组分不被玷污和损耗、对环境不会造成污染或污染很小等条件。常用的预处理技术有溶解、熔融、过滤、研磨、粉碎、提取、干燥、分离和富集(浓缩)等。

四、含量测定

根据测定方案设计的方法建立最优试验方案来进行成分测定。在定量化学分析中，测定是指进行化学反应的操作过程以及对参与反应物质或产物的计量。在仪器分析中，测定是指试样被送入分析系统，产生待测组分的响应信号，测量信号强度的过程。实验前，所用仪器和试剂必须进行校正或标定以确保分析结果符合测定要求。实际上，实验室使用的计量器具和仪器都必须定时经过权威机构的校验。

五、结果处理和表达

定量分析测定的数据还需要运用统计学的方法进行计算处理，将分析结果形成书面报告。含量测定结果一般用质量浓度或质量分数的形式表示，先计算平均值，再计算相对平均偏差、标准偏差等来表示测定的精密度。分析报告应该简单明了，记录及计算结果条理清晰。最后，要用有效的方法对分析结果进行评价。现代仪器分析更可以借助计算机技术，对大量数据进行处理和评价，直接迅速地获得结果。

同步测试

一、名词解释

1. 定性分析　2. 定量分析　3. 结构分析　4. 化学分析　5. 仪器分析

二、单项选择题

1. 根据测定原理的不同，分析化学可分为(　　)。
   A. 结构分析、定性分析和定量分析　B. 无机分析和有机分析
   C. 化学分析和仪器分析　D. 常量分析和微量分析
2. 下列各项中，不能用无机分析进行鉴定的是(　　)。
   A. 离子　B. 化合物　C. 官能团　D. 原子团
3. 试样用量为 1~10mg 的分析称为(　　)。
   A. 常量分析　B. 半微量分析　C. 微量分析　D. 痕量分析
4. 按被测组分含量来分，分析方法中常量组分分析指含量(　　)。
   A. <0.1%　B. >0.1%　C. <1%　D. >1%
5. 在常量分析中，对固体试样取样量范围的要求是(　　)。
   A. 0.01~0.1g　B. 0.1~1g　C. 0.1g 以上　D. 1g 以上
6. 若被测组分含量在 0.01%~1%，则对其进行分析属(　　)。

A. 微量分析　　B. 微量组分分析　　C. 痕量组分分析　　D. 半微量分析

7. 鉴别物质的化学组成属于(　　)。

A. 定性分析　　B. 定量分析　　C. 结构分析　　D. 仪器分析

三、填空题

1. 分析化学是化学学科的一个重要分支，是研究物质__________、__________、__________的分析方法及有关理论的一门科学。

2. 分析化学包括__________和__________两大部分。

3. 根据分析对象不同，分析化学可以分为__________分析与__________分析；按任务不同，分析化学可分为__________分析、__________分析和__________分析；根据分析原理和操作方法的不同，分析化学可分为__________分析和__________分析。

4. 化学分析是以物质的__________为基础的分析方法。在化学定性分析中，根据____________________确定待测物质的组分。而在定量分析中，根据____________________来确定待测组分的含量。

5. 被测物质质量分数高于__________%为常量组分分析；称取试样质量高于__________g为常量分析。

6. 根据分析试样用量的不同，化学定量分析中，多采用__________分析。

四、简答题

1. 分析化学的任务是什么?

2. 进行化学分析主要有哪些步骤?

第二章　误差与分析数据处理

【学习目标】

1. 掌握误差产生的原因及减免方法，准确度和精密度的表示方法及两者之间的关系，有效数字的修约与计算。
2. 了解偶然误差的正态分布，可疑数据的取舍。

【本章重点】

1. 误差与偏差的各种表示方法及其有关计算。
2. 误差的减免及提高分析结果准确度的方法。

【本章难点】

分析数据的记录和处理

【项目导入】

有一批原料药，含有一定的水分，如何测定该原料药中的水分含量呢？

水分的测定步骤为：称取一定质量(m_1)的原料药，于105℃干燥至恒重，称量干燥后原料药的质量(m_2)，用公式$\frac{m_1-m_2}{m_1}\times100\%$计算该原料药的含水量。那么如何精确称取原料药的质量呢？若五次测得同一份原料药的质量分别为：4.1289g，4.1278g，4.1290g，4.1288g，4.1284g，4.1282g，那么哪一个称量结果是该原料药的真实质量呢？

试样中各种组分的含量是客观存在的，即存在一个真实值。但在实际测定中，由于测量本身的局限性，分析方法、仪器、试剂、操作技术等的限制性，测定结果不可能与真实值完全一致。即使同一分析人员用同一方法对同一试样在相同条件下进行多次测定，测定结果也总不能完全一致，所以分析结果总是伴有误差。了解误差产生的原因和特点，掌握其规律，就可以尽量减小误差，提高分析结果的准确度，并正确表达和评价分析结果。

第一节　测定结果的准确度和精密度

1. *准确度和误差*

准确度指测定值 x 和真实值 T 之间接近的程度，两者越接近准确度越高。用误差来衡量准确度的高低。

绝对误差：
$$E_a = X - T \tag{2-1}$$

相对误差：
$$E_r = \frac{E_a}{T}\times 100\% \tag{2-2}$$

绝对误差只反映误差的大小，而不能反映误差在真实值中所占的百分率，所以相对误差更便于比较各种情况下测定结果的准确度。准确度的高低体现了在分析过程中，系统误差和随机误差对测定结果综合影响的大小，它决定了测定值的正确性。

在实际工作中，真实值常常是不知道的，因此无法求出分析结果的准确度，因此不得不用另外一种方式来判断分析结果的好坏。

2. 精密度和偏差

精密度指各次分析结果相互接近的程度，它反映了测定值的再现性。精密度的高低用偏差来衡量。偏差越小，精密度越高。常用的几种偏差表示方法为：

（1）绝对偏差　$d_i = x_i - \bar{x}$　　（$i=1, 2, 3, \cdots, n$）　有“+”、“-”之分

平均值

$$\bar{x} = \frac{1}{n}\sum_{i=1}^{n} x_i \tag{2-3}$$

相对偏差

$$Rd = \frac{x_i - \bar{x}}{\bar{x}} \times 100\% = \frac{d_i}{\bar{x}} \times 100\% \tag{2-4}$$

平均偏差

$$\bar{d} = \frac{|d_1| + |d_2| + \cdots + |d_n|}{n} = \frac{1}{n}\sum |x_i - \bar{x}| \quad \text{无“+、-”之分} \tag{2-5}$$

相对平均偏差

$$\overline{Rd} = \frac{\bar{d}}{\bar{x}} \times 100\% \tag{2-6}$$

平均值虽然不是真实值，但比单次测定结果更接近真实值。而且平均值反映了测定数据的集中趋势，因此，测定值与平均值之差就体现了精密度的高低。通常以测定结果的相对平均偏差来衡量测定数据的精密度。

（2）标准偏差与相对标准偏差　使用平均偏差表示精密度比较简单，但这个表示方法有不足之处，因为在一系列的测定中，小偏差的测定总是占多数，大偏差占少数，按总的测定次数去求平均偏差，则大偏差得不到反映。因此，数理统计中，常采用标准偏差（标准差）来反映精密度。

在数理统计中，将一定条件下无限多次测定值称为总体，从总体中随机抽出的一组测定值称为样本，样本所含测定值的数目称为样本的大小或容量。

若样本容量为 n，平行测定数据为 x_1，x_2，$\cdots$，x_n，则此样本平均值为 $\bar{x} = \frac{1}{n}\sum x_i$。

当测定次数无限增多时，所得的平均值为总体平均值为：

$$\mu = \lim_{n\to\infty}\bar{x}$$

当消除了系统误差后，得到的总体平均值 μ（$n>30$）即为待测组分的真实值 T。

当测定次数无限时，总体标准偏差 σ 表示了各测定值 x_i 对总体平均值的偏离程度。

总体标准偏差

$$\sigma = \sqrt{\frac{\sum (x_i - \mu)^2}{n}} \tag{2-7}$$

σ^2：方差

$x_i - \mu$ 被平方，即强调了大偏差的作用。

一般测定次数 $n<20$，μ 总体平均值不知道，则采用样本标准偏差来衡量该组数据的精密度：

$$S = \sqrt{\frac{\sum (x_i - \bar{x})^2}{n - 1}} = \sqrt{\frac{\sum d_i^2}{n - 1}} \tag{2-8}$$

$f=n-1$：自由度（在 n 次测量中只有 $n-1$ 个可变的偏差）

样本的相对标准偏差（变异系数 CV）为：$S_r = \frac{S}{\bar{x}} \times 100\%$　　(2-9)

例 1　测定某批碳酸氢钠片中碳酸氢钠含量时，得到下列数据：50.50%，49.60%，49.90%，50.20%，49.80%，计算测定结果的平均值、平均偏差、相对平均偏差、标准偏差、相对标准偏差。

解：

$$\bar{x} = \frac{50.50\% + 49.60\% + 49.90\% + 50.20\% + 49.80\%}{5} = 50.00\%$$

$$\bar{d} = \frac{|0.50\%| + |-0.40\%| + |-0.10\%| + |0.20\%| + |-0.20\%|}{5} = 0.28\%$$

$$\overline{Rd} = \frac{\bar{d}}{\bar{x}} \times 100\% = \frac{0.28\%}{50.00\%} \times 100\% = 0.56\%$$

$$S = \sqrt{\frac{\sum {d_i}^2}{n-1}} = \sqrt{\frac{0.50\%^2 + (-0.40\%)^2 + (-0.10\%)^2 + 0.20\%^2 + (-0.20\%)^2}{5-1}}$$

$$= 0.35\%$$

$$CV = \frac{S}{\bar{x}} \times 100\% = \frac{0.35\%}{50.00\%} \times 100\% = 0.70\%$$

3. 准确度与精密度的关系

准确度用误差来表示，反映了测定结果的正确性，它与系统误差和随机误差都有关系，体现了系统误差和随机误差对测定结果综合影响的大小。

精密度用偏差来表示，反映了测定值的再现性，偏差的大小仅与随机误差有关，体现了随机误差对测定结果的影响。

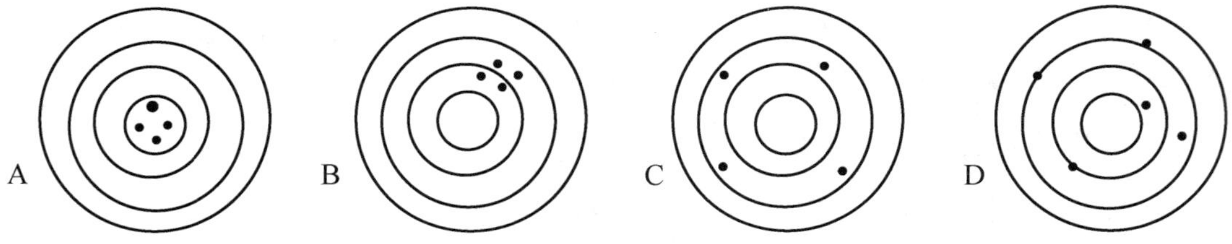

A.准确且精密　　B.不准确但精密　　C.准确但不精密　　D.不准确且不精密

结论：准确度高精密度一定高；精密度是保证准确度的前提；精密度好，准确度不一定好，可能有系统误差存在；精密度不好，衡量准确度无意义；在确定消除了系统误差的前提下，精密度可表达准确度；准确度及精密度都高说明结果可靠。

第二节　误差的分类、特点及减免

根据误差的来源和性质，可将误差分为两类：系统误差和随机误差。

1. 系统误差

系统误差又称可测误差，是由某种固定的原因引起的误差。它的突出特点是：

A. 确定性：引起误差的原因通常是固定的。

B. 单向性：它对分析结果的影响比较固定，可使测定结果系统偏低或偏高。

C. 重现性：当重复测定时，它会重复出现。增加测定次数不能使系统误差减小。

D. 可测性：一般来说产生系统误差的大小、正负，至少在理论上说是可以测定的，因此是可以校准的。

根据系统误差产生的具体原因，又可把系统误差分为：

① 方法误差：是由分析方法本身不够完善或有缺陷而造成的，如滴定分析中所选用的指示剂指示的终点与计量点不相符；分析中干扰离子的影响未清除；重量分析中沉淀的溶解损失等。

② 仪器误差：由仪器本身不准确造成。如天平未调至水平，滴定管或移液管等容量器皿刻度不准，砝码未经校正等。

③ 试剂误差：所使用的试剂或纯化水不纯而造成的误差。

④ 主观误差(操作误差)：由操作人员一些生理或习惯上的主观原因造成的。如辨别终点颜色时偏深或偏浅；估计测量值时习惯偏大或偏小；重复滴定时，有人总想第二份滴定结果与第一份相吻合，在判断终点读数时，就有“先入为主”的影响。

2. 随机误差(或称偶然误差)

它是由无法避免和无法控制的偶然因素造成的。如测定时环境温度、湿度、仪器性能的微小变化，或个人一时的辨别的差异而使读数不一致等。如天平和滴定管最后一位读数的不确定性。它的特点：大小和方向都不固定，也无法测量和校正，但多次测定也有规律性。

A. 对称性：经过多次重复测定，随机误差大小相等的正负误差出现的几率相等。

B. 单峰性：小误差出现的机会多，大误差出现的机会少。

C. 有界性：超出$|3\sigma|$的误差出现的机会很少，应属于过失。

因此，可以通过增加平行测定的次数来减小随机误差，提高分析结果可靠性。

此外，由于分析人员工作上粗枝大叶不遵守操作规程等会造成“过失”误差，其实质就是一种错误，不能称为误差。如器皿不洁净，丢损试液，加错试剂，看错砝码，记录或计算错误等。

3. 误差的减免

要想提高分析结果的准确度，必须设法减小分析过程中的各种误差。误差产生的原因和特点不同，减小误差所采取的方法也不相同。

(1) 选择合适的分析方法

① 根据试样中的待测组分的含量选择分析方法。高含量组分用滴定分析或重量分析法，低含量组分用仪器分析法。如对含铁量 40.00%的标准试样进行测定，化学分析法测得的铁含量为 39.93%～40.04%(相对误差±0.1%)，分光光度法测得的结果是 39.2%～40.8%(相对误差±2%)。显然仪器分析法的误差大得多。若对含铁量 0.040%的标准试样进行测定，因化学分析法灵敏度低，难以检测，分光光度法测得的结果是 0.0392%～0.0408%。可见，同样±2%的相对误差，因低含量组分的绝对误差小，所得结果仍可满足测定的要求。

常规的分析工作，可以采用标准分析方法，因为标准分析方法可靠性高，并为权威机构认可，如果需选用其他方法，最好与相应的标准方法对照，结果一致方可使用。

② 充分考虑试样中共存组分对测定的干扰，采用适当的掩蔽或分离方法。

③ 对于痕量组分，分析方法的灵敏度不能满足分析的要求，可先定量富集后再进行

测定。

（2）减小测量误差　为了保证分析结果的准确度，应控制分析过程中各测量步骤的误差。

分析天平称量时，过小的取样量会影响测定结果的准确度。一般分析天平的称量误差为±0.0002g，为了使测量时的相对误差在0.1%以下，试样质量必须在0.2g以上。

滴定分析中，滴定管读数常有±0.01mL的误差，在一次滴定中，读数两次，可能造成±0.02mL的误差。为使测量时的相对误差小于0.1%，消耗滴定剂的体积必须在20mL以上，最好使体积在25mL左右，一般在20~30mL之间。

（3）减小随机误差　在消除系统误差的前提下，平行测定次数愈多，平均值愈接近真值。因此，增加测定次数，可以提高平均值精密度。在化学分析中，对于同一试样，通常要求平行测定3~4次。

（4）消除系统误差　由于系统误差是由某种固定的原因造成的，因而找出这一原因，就可以消除系统误差的来源。根据具体情况，通常采用下列几种方法来检验和消除系统误差。

① 对照试验。对照试验有多种方式，可以与标准试样对照，也可以与成熟的方法对照，还可以与不同的分析人员、不同的实验室进行对照。

② 空白试验。空白实验是指在不加待测组分的情况下，按照试样分析同样的操作手续和条件进行实验，所测定的结果为空白值，从试样测定结果中扣除空白值，来校正分析结果。消除由试剂、纯化水、实验器皿和环境带入的杂质引起的系统误差，但空白值不可太大。

③ 校准仪器。仪器不准确引起的系统误差，通过校准仪器来减小其影响。例如砝码、移液管和滴定管等，在精确的分析中，必须进行定期的检查和校准，并在计算结果时采用校正值。

系统误差与随机误差的比较见表2-1。

表2-1　系统误差与随机误差的比较

项目	系统误差	随机误差
产生原因	固定因素，有时不存在	不固定因素，总是存在
分类	方法误差、仪器误差、试剂误差、主观误差	环境的变化因素、主观的变化因素等
性质	重现性、单向性、可测性	服从概率统计规律、不可测性
影响	准确度	精密度
消除或减小的方法	校正	增加测定的次数

第三节　分析数据的处理

一、有效数字的含义及位数

为了得到准确的分析结果，不仅要准确地测量，还要正确地记录和运算，即记录的数字不仅表示数量的大小，而且要正确地反映测量的精密程度。

如某物重0.5180g，其中0.518是准确的，“0”位可疑，即其有上下一个单位的误差，也就是说此物重的绝对误差为±0.0001g。

相对误差为$\pm\frac{0.0001}{0.5180}\times100\%=\pm0.02\%$

若写成 0.518g，则 $d=\pm\ 0.001g$

$d_r=\frac{\pm0.001}{0.518}\times100\%=\pm0.2\%$

可见多一位或少一位零，从数字角度看关系不大，却反映准确程度相差 10 倍。

有效数字：分析工作中实际能测量到的数字。如：

	1.0005	0.5000	0.540	0.0054	0.5
相对误差	6.23×10^5	31.05	1.86×10^{-4}	0.48%	0.002%
有效数字位数	5	4	3	2	1

数字与数字之后的“0”是有效数字，如 0.2100；而数字前面的“0”只起定位作用，不是有效数字，如 0.0758。

二、有效数字的运算规则

1. 加减法

几个数相加减时，其结果的有效数字位数的保留，应以小数点后位数最少的数据为依据，即决定于绝对误差最大的那个数据。

例如：0.0121+25.64+1.05782=26.70992，应以 25.64 为依据，即：原式=26.71

小数点后位数的多少反映了测量绝对误差的大小，如小数点后 1 位，它的绝对误差为±0.1g，而小数点后有 2 位，绝对误差为±0.01g。可见小数点后具有相同位数的数字，其绝对误差的大小也相同。而且绝对误差的大小仅与小数部分有关，而与有效数字位数无关。

所以在加减运算中，原始数据的绝对误差，决定了计算结果的绝对误差的大小，计算结果的绝对误差必然受到绝对误差最大的那个原始数据的制约而与之处在同一水平上。

2. 乘除法

几个数相乘、除时，其积或商的有效数字应与参加运算的数字中，有效数字位数最少的那个数字相同。即所得结果的位数取决于相对误差最大的那个数字。

例：$\frac{0.0325\times5.103\times60.06}{139.8}=0.0712504=0.0713$

商应与 0.0325 在同一水平上，即取 3 位有效数字。

又如：$3.001\times2.1=6.3$

有效数字的位数的多少反映了测量相对误差的大小。如 2 位有效数字 1.0 和 9.9，它们的绝对误差都是±0.1，相对误差分别为±10%和±1%，即两位有效数字的相对误差总在±1%~±10%之间；三位有效数字的相对误差总在±0.1%~±1%之间；四位有效数字的相对误差总在±0.01%~±0.1%之间。

可见，有效数字位数相同的数字，其相对误差 E_r 处在同一水平上，而且 E_r 的大小，仅与有效数字位数有关，而与小数点后位数无关。因此，积和商的相对误差必然受到相对误差最大的那个有效数字的制约，且在同一水平上。

例如前例：0.0325→$\frac{\pm0.0001}{0.0325}\times100\%=\pm0.3\%$

5.103　　　　±0.02%

60.06	±0.02%
139.8	±0.07%
0.0713	±0.1%

总之，不论是加减，还是乘除运算，都要遵循一个原则，即计量结果的精度取决于测量精度最差的那个原始数据的精度。

3. 有效数字的修约原则

计算结果要按有效数字的计算规则保留适当位数修约去多余数字。

四舍六入五成双：当尾数≤4 时舍去，尾数≥6 时进位；当尾数为 5 时，则看留下来的末位数是偶数还是奇数。末位数是奇数时，5 进位，是偶数时，5 舍去。如：4.175，4.165，处理为三位有效数字时则为：4.18，4.16。

当被修约的 5 后面还有数字时，该数总比 5 大，这种情况下，该数以进位为宜。如：

2.451→2.5　　　83.5009→84

注意：在修约数字时，只能对原始数据一次修约到所需位数，而不能连续多次修约。如：要把 17.46 修约为两位，只能一次修约为 17，而不能 17.46→17.5→18。

对有效数字记录与运算要注意以下几点：

① 记录时保留一位可疑数字。

② 运算中，采用“四舍五入”或“四舍六入五成双”修约原则，先修约，后计算。

③ 首位数字大于或等于 8 的，则有效数字位数可多算一位（主要指乘除计算），如：8.37 是三位数，可看作四位。0.9812 是四位数，可看作五位。

$$8.37\text{ 的 }E_r = \frac{\pm 0.01}{8.37} = 1.2‰ \approx 0.1\%$$

$$10.00\text{ 的 }E_r = \frac{\pm 0.01}{10.00} = 0.1\%$$

$$0.9812\text{ 的 }E_r = \frac{\pm 0.01}{0.9812} = 0.1‰$$

$$1.0000\text{ 的 }E_r = \frac{\pm 0.01}{1.0000} = 0.1\%$$

④ 加减运算，以绝对误差最大的那个原始数据为准；乘除运算，以相对误差最大的那个原始数据为准。

⑤ 对于一些分数、常数、自然数可视为足够有效，不考虑其位数。

⑥ 高组分含量（一般≥10%）一般保留四位；中组分含量（1%~10%）一般保留三位；低组分含量（≤1%）一般保留两位。如：pH=4.37 为两位有效数字；pH=12.00，$[H^+]=1.0\times 10^{-12}$为两位有效数字。

⑦误差或偏差取 1~2 位有效数字即可。而且，在计算过程中，可暂时多保留一位有效数字。

例 2　微量天平称准至±0.001mg，要使试样称量误差不大于 0.1%，至少应称取试样多少克？

解：称取试样时，无论是差减法还是直接称量，都需要读取两次平衡点。假使称取的极值为 Δm

$$\text{则 }\Delta m = |\pm 0.001| + |\pm 0.001| = 0.002\text{mg}$$

又要求$\frac{\Delta m}{m}\leqslant 0.1\%$　　　$\therefore m\geqslant \frac{0.002}{0.1\%}=2mg$

三、可疑数据的取舍

在实验中得到一组数据，往往个别数据离群较远，这一组数据称为异常值，又称可疑或极端值。如果这是由于过失因素造成的，如溶解试样有溶液溅出，滴定时加入了过量的滴定剂等，则这一数据必须舍去。若并非这种情况，则对异常值不能随意取舍，特别是当测量数据较少时，异常值的取舍对分析结果产生很大的影响，必须慎重对待。对于不是因为过失而造成的异常值，应按一定的统计学方法进行处理。统计学处理异常值的方法有好几种，下面重点介绍 Q 检验法及效果较好的格鲁布斯(Grubbs)法。

1. Q 检验法（3~10 次测定适用，且只有一个可疑数据）

（1）设一组数据，从小到大排列为：x_1，x_2，…，x_{n-1}，x_n

（2）设 x_n 为异常值，则统计量 $Q=\frac{x_n-x_{n-1}}{x_n-x_1}$

如果 x_1 为异常值，则 $Q=\frac{x_2-x_1}{x_n-x_1}$

（3）根据 n 和 P 查 Q 值表 2-2 得 $Q_{表}$

（4）比较 $Q_{表}$与 $Q_{计}$

若：$Q_{计}\geqslant Q_{表}$可疑值应舍去

　　$Q_{计}<Q_{表}$可疑值应保留

表 2-2　Q 值表

测定次数 n		3	4	5	6	7	8	9	10
置信度	90%	0.94	0.76	0.64	0.56	0.51	0.47	0.44	0.41
	95%	0.98	0.85	0.73	0.64	0.59	0.54	0.51	0.48
	99%	0.99	0.93	0.82	0.74	0.68	0.63	0.60	0.57

例 3　测定某药物中钴的含量(μg/g)，得结果如下：1.25μg/g，1.27μg/g，1.31μg/g，1.40μg/g，试问 1.40 这个数据是否保留？（置信度 90%）

解：$Q=\frac{1.40-1.31}{1.40-1.25}=0.60$

已知 $n=4$，查表 2-2，$Q_{0.90}=0.76$，$Q<Q_{0.90}$，故 1.40 这个数据应予保留。

2. 格鲁布斯法

设有 n 个数据，从小到大依次为 x_1，x_2，x_3，…，x_n；其中 x_1或 x_n为可疑数据。

（1）计算 $\bar{x}$(包括可疑值 x_1、x_n在内)、$|x_{可疑}-\bar{x}|$及 S；

（2）计算 G：$G_{计}=\frac{|x_i-\bar{x}|}{S}$

（3）查 G 值表得 $G_{v,P}$

（4）比较 $G_{计}$与 $G_{v,P}$：

若　$G_{计}\geqslant G_{v,P}$，则舍去可疑值；

　　$G_{计}<G_{v,P}$，则保留可疑值。

表 2-3　95%置信度的 G 临界值表

n	3	4	5	6	7	8	9	10
G	1.15	1.48	1.71	1.89	2.02	2.13	2.21	2.29

例 4　前一例中的实验数据，用格鲁布斯法判断时，1.40 这个数据是否保留（置信度 95%）？

解：$\bar{x}=1.31$　　$S=0.066$

$$G=\frac{x_n-\bar{x}}{S}=\frac{1.40-1.31}{0.066}=1.36$$

查表 2-3，$G_{0.05,4}=1.46$，$G<G_{0.05,4}$，故 1.40 这个数据应该保留。

最后应该指出，异常值的取舍是一项十分重要的工作。我们不能轻易地去掉某个数据，而是要用上述统计检验方法进行判断之后，才能确定取舍。在这一步工作完成后，我们就可以计算数据的平均值、标准偏差以及进行其他有关数理统计工作。

四、分析数据的显著性检验

1. 平均值($\bar{x}$)与标准值(μ)之间的显著性检验——检查方法的准确度

$$t_{计}=\frac{|\bar{x}-\mu|}{S}\sqrt{n} \tag{2-10}$$

若　$t_{计}\geq t_{0.95,v}$，则 $\bar{x}$ 与 μ 有显著性差异（方法不可靠）

　　$t_{计}<t_{0.95,v}$，则 $\bar{x}$ 与 μ 无显著性差异（方法可靠）

2. 两组平均值的比较

（1）先用 F 检验法检验两组数据精密度 S_1（小）、S_2（大）有无显著性差异（方法之间）。

$$F_{计}=\frac{S_2^2}{S_1^2}$$

若此 $F_{计}$值小于表中的 $F(0.95)$ 值，说明两组数据精密度 S_1、S_2无显著性差异，反之亦反。

（2）再用 t 检验法检验两组平均值之间有无显著性差异。

$$t_{计}=\frac{|\bar{x}_1-\bar{x}_2|}{S_1}\sqrt{\frac{n_1n_2}{n_1+n_2}}$$

查　$t_{0.95}(f=n_1+n_2)$

若　$t_{计}\geq t_{0.95,v}$，则说明两平均值有显著性差异

　　$t_{计}<t_{0.95,v}$，则说明两平均值无显著性差异

同步测试

一、名词解释

1. 绝对误差　2. 相对误差　3. 绝对偏差　4. 平均偏差
5. 相对平均偏差　6. 有效数字　7. 系统误差　8. 偶然误差

二、单项选择题

1. 分析工作中实际能够测量到的数字称为（　　）

A. 精密数字 B. 准确数字 C. 可靠数字 D. 有效数字

2. 算式(30.582−7.44)+(1.6−0.5263)中，绝对误差最大的数据是( )

A. 30.582 B. 7.44 C. 1.6 D. 0.5263

3. 用万分之一分析天平称量时，下列读数正确的是( )

A. 2.1305 B. 2.132 C. 2.13 D. 2.1

4. 将数据 2.8388，0.284401，2861.5，0.044685001 修约成四位有效数字，下列各组修约正确的是( )

A. 2.838，0.2844，2862，0.04469 B. 2.839，0.2845，2862，0.04469

C. 2.839，0.2844，2861，0.04469 D. 2.839，0.2844，2862，0.04469

5. pH=5.26 中的有效数字是( )位

A. 0 B. 1 C. 2 D. 3

6. 滴定管读数时，应记录至小数点后第( )位

A. 1 B. 2 C. 3 D. 4

7. 减小偶然误差的方法是( )

A. 对照试验 B. 空白实验

C. 校准仪器 D. 多次测量求平均值

8. 相对误差 E_r 的计算公式是( )

A. E_r=真实值−绝对误差 B. E_r=绝对误差−真实值

C. E_r=(绝对误差/真实值)×100% D. E_r=(真实值/绝对误差)×100%

9. 下列属于操作误差的是( )

A. 加错试剂

B. 溶液溅失

C. 加错指示剂

D. 操作者对终点颜色的变化辨别不够敏锐

10. 下列属于四位有效数字的数据是( )

A. 0.0200 B. 1.0×10^{-3} C. pH=12.10 D. 1.02

11. 对同一样品采取同样的方法进行分析，测得的结果分别为 0.3744、0.3720、0.3730、0.3750、0.3730，则此次分析的相对平均值是( )

A. 0.0030 B. 0.0054 C. 0.0027 D. 0.0018

12. 已知天平称量的绝对误差为±0.2mg，若要求称量的相对误差小于 0.2%，则称取的物质质量至少是( )

A. 1g B. 0.2g C. 0.1g D. 0.02g

三、简答题

1. 系统误差的种类及消除方法有哪些？

2. 下列数据分别是几位有效数字？

(1) 2.0843 (2) 0.0356 (3) 0.006720 (4) 34.0410 (5) 6.7×10^{-3}

(6) $pK_a=4.25$ (7) 1.03×10^{-6} (8) 25.02% (9) 0.0076% (10) 0.6%

3. 将下列的数据修约成四位有效数字。

(1) 25.0943 (2) 0.026542 (3) 0.013240 (4) 30.0430 (5) 3.73147×10^{-8}

四、计算题

1.（1）$152.6+0.201+0.3169$　　（2）$3.20\times 25.0543\times 0.03565$

2. 用酸碱滴定法测定药用碳酸钠的含量，平行测定 4 次，测量结果分别为 20.01%、20.03%、20.04%、20.05%。试计算平均值、平均偏差、相对平均偏差、标准偏差和相对标准偏差。

3. 标定 HCl 标准溶液的浓度时，4 次测量值分别是 0.1009mol/L、0.1010mol/L、0.1013mol/L、0.1019mol/L，用 Q 检测法判断 0.1019 这个数据是否应保留？（已知 $n=4$ 时，$Q_{0.90}=0.76$）

第三章　滴定分析法概述

【学习目标】

1. 掌握滴定分析法的有关术语；滴定的化学反应必须具备的条件；标准溶液及其浓度表示方法。
2. 熟悉滴定分析法的分类；常用的滴定方式。

【本章重点】

1. 滴定分析法的基本概念和基本条件。
2. 标准溶液配制和标定的方法及有关计算。

【本章难点】

运用滴定分析的计算依据和进行结果计算。

【项目导入】

某食品检测公司接收了一批白醋样本，要求进行白醋总酸度的检测。按照《GB/T 12456—2008 食品中总酸的测定》，可以用滴定分析的方法进行测定，用氢氧化钠标准溶液滴定白醋，计算总酸度。那么什么是滴定分析法？什么是标准溶液？如何来计算总酸度呢？

第一节　概　　述

滴定分析法，又称容量分析法，是化学分析法中的重要分析方法之一。它是将一种已知准确浓度的试剂溶液（称为标准溶液或滴定液），用滴定管滴加到一定量被测物质的溶液中，当所加的试剂溶液与被测物质按化学计量关系定量反应完全时，根据滴加试剂溶液的浓度和消耗的体积，可以计算出被测组分的含量或被测物质的浓度。

一、滴定分析法的基本概念

标准溶液：已知准确浓度的试剂溶液。

试样：被测物质。

滴定：将标准溶液从滴定管中滴加到被测物质溶液中的操作过程。

化学计量点：当标准溶液与被测组分按照化学反应方程式所表示的计量关系反应完全时，即达到了化学计量点。

滴定终点：在滴定中，指示剂颜色变化的转变点。在实际滴定中，大多数滴定反应在到达化学计量点时，外观上没有明显的改变，为了准确确定化学计量点，常在被测物质的溶液中加入一种辅助试剂，利用它的颜色变化，作为化学反应终止的信号，此时终止滴定。

指示剂：利用其颜色变化指示滴定终点的辅助试剂。

终点误差：滴定终点和化学计量点不一致而导致的误差。因为化学计量点是根据化学反应的计量关系求得的理论值，而滴定终点是滴定时的实际测量值，指示剂不一定恰好在化学计量点时变色，因此滴定终点就不会与化学计量点符合，它们之间存在很小的差别。为了减小终点误差，除了要求滴定反应的完全程度高之外，还应选择合适的指示剂，使滴定终点尽可能接近化学计量点。

滴定分析常用于常量组分分析，即被测组分含量在1%以上，有时也可用于微量组分测定。滴定分析应用广泛，多种化学反应均适用，具有仪器简单、操作方便、测定快速、准确度高等特点，一般情况下，测定的相对误差在0.2%以下。

二、滴定分析法的基本条件

滴定分析法是以化学反应为基础的分析方法，化学反应很多，但并不是所有的化学反应都可用作滴定分析，可直接用于滴定分析的化学反应必须具备以下条件：

1. 反应必须有确定的化学计量关系

反应要按一定的化学反应方程式进行。

2. 反应必须定量完成

一般反应定量的程度接近完全，要求达到99.9%以上。

3. 无副反应发生

标准溶液只有被测物质反应，被测溶液中的杂质不得干扰主要反应，否则应预先采取适当的措施消除副反应。

4. 反应速度要快

滴定反应要求在瞬间完成，对于反应速率较慢的反应，有时可通过加热或加催化剂的方法来加快反应速率。

5. 有合适方法确定滴定终点

有合适的指示剂或其他物理化学等简便可靠的方法确定滴定终点。

三、滴定分析法的类型

滴定分析法根据标准溶液和待测组分间反应类型的不同可以分为酸碱滴定法、配位滴定法、氧化还原滴定法和沉淀滴定法；根据滴定的方式不同可以分为直接滴定法、返滴定法、置换滴定法和间接滴定法。

1. 按化学反应的类型分类

（1）酸碱滴定法——以质子传递反应为基础的一种滴定分析方法。

反应实质：

$$H^+ + OH^- \longrightarrow H_2O$$

（2）配位滴定法——以配位反应为基础的一种滴定分析方法。

$$Mg^{2+} + Y^{4-} \longrightarrow MgY^{2-}$$

$$Ag^+ + 2CN^- \longrightarrow [Ag(CN)_2]^-$$

（3）氧化还原滴定法——以氧化还原反应为基础的一种滴定分析方法。

$$Cr_2O_7^{2-} + 6Fe^{2+} + 14H^+ \longrightarrow 2Cr^{3+} + 6Fe^{3+} + 7H_2O$$

$$I_2 + 2S_2O_3^{2-} \longrightarrow 2I^- + S_4O_6^{2-}$$

（4）沉淀滴定法——以沉淀反应为基础的一种滴定分析方法。

$$Ag^+ + Cl^- \longrightarrow AgCl\downarrow \qquad \text{（白色沉淀）}$$

2. 按滴定的方式分类

（1）直接滴定法　用标准溶液直接滴定被测物质溶液的方法称为直接滴定法。凡能满足滴定分析反应条件要求的反应，都能直接滴定。

如：HCl 标准溶液测定 NaOH 的含量，EDTA 标准溶液测定 Ca^{2+}的含量等。

（2）返滴定法　先准确加入过量标准溶液，使与试液中的待测物质或固体试样进行反应，待反应完成以后，再用另一种标准溶液滴定剩余的标准溶液，从而求出被测物质的含量的方法。

因此，返滴定法又称为剩余滴定法。常适用于反应较慢或难溶于水的固体试样或没有合适的指示剂的反应。

如：Al^{3+}的测定，EDTA 与 Al^{3+}反应慢，先加一定量过量的 EDTA 标准溶液与 Al^{3+}反应，再用 Zn^{2+}标准溶液返滴定剩余的 EDTA 溶液。

（3）置换滴定法　先用适当试剂与待测物质反应，使其定量置换出另一种物质，再用标准溶液去滴定此生成物的方法称为置换滴定法。当待测物质与标准溶液的反应没有明确的计量关系或伴有副反应发生时，需采用置换滴定法。

如：在酸性条件下，用 $Na_2S_2O_3$标准溶液不能直接滴定 $K_2Cr_2O_7$，因为 $Cr_2O_7^{2-}$不仅可将 $S_2O_3^{2-}$氧化为 $S_4O_6^{2-}$，而且还有部分 $S_2O_3^{2-}$氧化为 SO_4^{2-}，故而反应没有确定的计量关系，无法计算。但是，若在 $K_2Cr_2O_7$溶液中加入过量的 KI，定量置换出 I_2，再用 $Na_2S_2O_3$标准溶液滴定生成的 I_2，即可计算出 $K_2Cr_2O_7$的含量。

$$S_2O_3^{2-}+Cr_2O_7^{2-} \longrightarrow S_4O_6^{2-}/SO_4^{2-} \quad \text{（有副反应）}$$

先置换：　$$Cr_2O_7^{2-}+6I^-+14H^+ \longrightarrow 2Cr^{3+}+3I_2+7H_2O$$

再滴定：　$$2S_2O_3^{2-}+I_2 \longrightarrow S_4O_6^{2-}+2I^-$$

（4）间接滴定法　通过另外的化学反应，用滴定法间接滴定不能和标准溶液直接反应的物质，这种方法称为间接滴定法。适用于不能与标准溶液起化学反应的物质。

如，Ca^{2+}在溶液中没有可变价态，不能直接进行氧化还原滴定。如果将 Ca^{2+}沉淀为 CaC_2O_4，过滤、洗涤后溶解于 H_2SO_4溶液中，然后再用 $KMnO_4$标准溶液滴定与 Ca^{2+}结合的 $C_2O_4^{2-}$，即可间接测定 Ca^{2+}的含量。

$$Ca^{2+}+C_2O_4^{2-} \longrightarrow CaC_2O_4 \downarrow$$

$$CaC_2O_4 \downarrow +2H^+ \longrightarrow Ca^{2+}+H_2C_2O_4$$

$$5H_2C_2O_4+2MnO_4^-+6H^+ \longrightarrow 2Mn^{2+}+10CO_2+8H_2O$$

3. 按标准溶液的计量方式分类

通常，滴定分析都是通过测量完全反应所消耗的标准溶液的体积来进行，因此又称为容量分析法。如果通过称量完全反应所消耗的标准溶液的质量来进行，则称为称量分析法，也叫重量分析法。与容量分析法不同，称量分析法采用分液器和分析天平代替了滴定管的溶液体积计量，具有以下优点：①不需要容量器皿的校准；②不必考虑因温度改变导致体积变化进而引起的浓度变化；③天平称量比滴定管的体积计量更准确，因而可显著减少标准溶液的用量；④更容易实现自动化。

此外，除了上述分类法外，滴定分析法还可以按指示终点的方法分为指示剂法和仪器法。仪器法又细分为电位滴定法、电流滴定法、电导滴定法、光度滴定法、荧光滴定法、浊度滴定法等。

第二节　试剂和标准溶液

一、化学试剂

化学试剂种类繁多，用途各异，通常可分为无机试剂和有机试剂两大类，按用途又可分为基准试剂、一般试剂、高纯试剂、专用试剂和生化试剂。

不同杂质含量的化学试剂其质量规格不同，化学试剂的等级是以其中所含杂质的多少来划分的，一般可按纯度分为四个等级。如表 3-1 所示。

表 3-1　化学试剂等级、标志及适用范围

纯度等级	优级纯	分析纯	化学纯	实验试剂
英文代号	G. R. Guarantee Reagent	A. R. Analytical Reagent	C. P. Chemical Pure	L. R. Laboratory Reagent
瓶签颜色	绿色	红色	蓝色	黄色
适用范围	用作基准物质，主要用于精密的科学研究和分析实验	用于一般科学研究和分析实验	用于要求较高的无机和有机化学实验，或要求不高的分析检验	用于一般的实验和要求不高的科学实验

化学试剂的选用应根据分析任务、分析方法、对分析结果准确度的要求，既不超等级而造成不必要的浪费，也不要随意降低等级而影响分析结果的准确度。一般滴定分析常选用分析纯试剂，痕量分析则应选用优级纯试剂。

二、标准溶液和基准物质

标准溶液是指已知准确浓度的溶液，它是滴定分析中进行定量计算的依据之一。不论采用何种滴定方法，都离不开标准溶液。因此，正确地配制标准溶液，确定其准确浓度，妥善地贮存标准溶液，都关系到滴定分析结果的准确性。配制标准溶液的方法一般有以下两种。

1. 直接配制法

用分析天平准确地称取一定量的物质，溶于适量水后定量转入容量瓶中，稀释至标线，定容并摇匀。根据溶质的质量和容量瓶的体积计算该溶液的准确浓度。

能用于直接配制标准溶液的物质，称为基准物质或基准试剂，它也是用来确定某一溶液准确浓度的标准物质。作为基准物质必须符合下列要求：

① 试剂必须具有足够高的纯度，一般要求其纯度在 99.9%以上，所含的杂质应不影响滴定反应的准确度。

② 物质的实际组成与它的化学式完全相符，若含有结晶水（如硼砂 $Na_2B_4O_7 \cdot 10H_2O$），其结晶水的数目也应与化学式完全相符。

③ 试剂应该稳定。例如，不易吸收空气中的水分和二氧化碳，不易被空气氧化，加热干燥时不易分解等。

④ 试剂最好有较大的摩尔质量，这样可以减少称量误差。常用的基准物质有纯金属和某些纯化合物，如 Cu、Zn、Al、Fe 和 $K_2Cr_2O_7$、Na_2CO_3、MgO、$KBrO_3$等，它们的含量一般在 99.9%以上，甚至可达 99.99%。

应注意，有些高纯试剂和光谱纯试剂虽然纯度很高，但只能说明其中杂质含量很低。由于可能含有组成不定的水分和气体杂质，使其组成与化学式不一定准确相符，致使主要成分的含量可能达不到99.9%，这时就不能用作基准物质。一些常用的基准物质及其应用范围列于表3-2中。

表3-2　常用基准物质的干燥条件和应用

基准物质		干燥后的组成	干燥条件/℃	标定对象
名称	化学式			
碳酸氢钠	$NaHCO_3$	Na_2CO_3	270~300	酸
十水合碳酸钠	$Na_2CO_3 \cdot 10H_2O$	$Na_2CO_3 \cdot 10H_2O$	270~300	酸
硼砂	$Na_2B_4O_7 \cdot 10H_2O$	$Na_2B_4O_7 \cdot 10H_2O$	放在装有NaCl和蔗糖饱和溶液的密闭器皿中	酸
二水合草酸	$H_2C_2O_4 \cdot 2H_2O$	$H_2C_2O_4 \cdot 2H_2O$	室温空气干燥	碱或$KMnO_4$
邻苯二甲酸氢钾	$KHC_8H_4O_4$	$KHC_8H_4O_4$	110~120	碱
重铬酸钾	$K_2Cr_2O_7$	$K_2Cr_2O_7$	140~150	还原剂
溴酸钾	$KBrO_3$	$KBrO_3$	130	还原剂
草酸钠	$Na_2C_2O_4$	$Na_2C_2O_4$	130	$KMnO_4$
碳酸钙	$CaCO_3$	$CaCO_3$	110	EDTA
锌	Zn	Zn	室温干燥器中保存	EDTA
氯化钠	NaCl	NaCl	500~600	$AgNO_3$
硝酸银	$AgNO_3$	$AgNO_3$	220~250	氯化物

2. 间接配制法(标定法)

需要用来配制标准溶液的许多试剂不能完全符合上述基准物质必备的条件，例如：NaOH极易吸收空气中的二氧化碳和水分，纯度不高；市售盐酸中HCl的准确含量难以确定，且易挥发；$KMnO_4$和$Na_2S_2O_3$等均不易提纯，且见光分解，在空气中不稳定等。因此这类试剂不能用直接法配制标准溶液，只能用间接法配制，即先配制成接近于所需浓度的溶液，然后用基准物质(或另一种物质的标准溶液)来测定其准确浓度。这种确定其准确浓度的操作称为标定。

例如：欲配制0.1mol/L HCl标准溶液，先用一定量的浓HCl加水稀释，配制成浓度约为0.1mol/L的稀溶液，然后用该溶液滴定经准确称量的无水Na_2CO_3基准物质，直至两者定量反应完全，再根据滴定中消耗HCl溶液的体积和无水Na_2CO_3的质量，计算出HCl溶液的准确浓度。大多数标准溶液的准确浓度是通过标定的方法确定的。

在常量组分的测定中，标准溶液的浓度大致范围为0.01~1mol/L，通常根据待测组分含量的高低来选择标准溶液浓度的大小。

为了提高标定的准确度，标定时应注意以下几点：

① 标定应平行测定3~4次，至少重复3次，并要求测定结果的相对偏差不大于0.2%。

② 为了减少测量误差，称取基准物质的量不应太少，最少应称取0.2g以上；同样滴定到终点时消耗标准溶液的体积也不能太小，最好在20mL以上。

③ 配制和标定溶液时使用的量器，在必要时应校正其体积，并考虑温度的影响，如滴定管、容量瓶和移液管等。

④ 标定好的标准溶液应该妥善保存，避免因水分蒸发而使溶液浓度发生变化；有些不够稳定，如见光易分解的 $AgNO_3$ 和 $KMnO_4$ 等标准溶液应贮存于棕色瓶中，并置于暗处保存；能吸收空气中 CO_2 并对玻璃有腐蚀作用的强碱溶液，最好装在塑料瓶中，并在瓶口处装一个碱石灰管，以吸收空气中的二氧化碳和水。对不稳定的标准溶液，久置后，在使用前还需重新标定其浓度。

三、标准液浓度的表示方法

1. 物质的量浓度

物质的量浓度是指单位体积溶液中含溶质 B 的物质的量，以符号 c_B 表示。即

$$c_B = \frac{n_B}{V_B} \tag{3-1}$$

因

$$n_B = \frac{m_B}{M_B} \tag{3-2}$$

所以

$$m_B = c_B V_B M_B \tag{3-3}$$

式（3-1）中，B 代表溶质的化学式；n_B 为溶质 B 的物质的量，它的 SI 单位是 mol；V_B 表示溶液的体积，其 SI 单位是 m^3。所以物质的量浓度 c_B 的 SI 单位是 mol/m^3，在分析化学中常用的单位为 mol/L 或 mol/dm^3。在式(3-2)中，m_B 是物质 B 的质量，常用单位为 g；M_B 是物质 B 的摩尔质量，其 SI 单位是 kg/mol，在分析化学中常用的单位为 g/mol。以此为单位时，任何原子、分子或离子的摩尔质量在数值上就等于其相对原子质量、相对分子质量或相对离子质量。

2. 滴定度(T)

在实际工作和生产中，由于测定对象比较固定，常使用同一标准溶液测定同一种物质，因此常用滴定度来表示标准溶液的浓度，使计算简便、快速。滴定度是指 1mL 标准溶液相当于被测物质的质量(单位为 g /mL 或 mg /mL)，以符号 $T_{A/B}$ 表示。其中 A 为被测物质，B 为滴定剂。

例如：1.00mL $K_2Cr_2O_7$ 标准溶液恰好能与 0.005682g Fe 完全反应，则此 $K_2Cr_2O_7$ 溶液对 Fe 的滴定度 $T_{Fe/K_2Cr_2O_7} = 0.005682g/mL$。因此，对大批试样测定其中同一组分时，常常标准溶液的浓度用滴定度表示，使得被测组分的含量计算很简便，用公式表示为：$m_A = T_{A/B} \times V_B$。如上例中若已知滴定时消耗 $K_2Cr_2O_7$ 标准溶液的体积 $V = 22.00mL$，则被测组分的质量 m_{Fe} 为：$m_{Fe} = T_{Fe/K_2Cr_2O_7} \times V = 0.005682 \times 22.00 = 0.1250g$

例 1 如用 $T_{NaOH/HCl} = 0.004000g/mL$ HCl 标准溶液滴定 NaOH 溶液，消耗 HCl 标准溶液 21.00mL，计算试样中 NaOH 的质量。

解：$m_{NaOH/HCl} = T_{HCl/NaOH} \times V = 0.004000 \times 21.00 = 0.08400g$

即试样中 NaOH 的质量为 0.08400g。

第三节　滴定分析计算

一、滴定分析计算一般按下列步骤进行

(1) 写出有关的化学反应方程式，并将其配平。

（2）按照滴定分析计算的依据，找出被测物质与标准溶液间的等量关系式。
（3）利用滴定分析计算的基本公式，将相关数据代入等量关系式中。
（4）进行相关计算。

二、滴定分析计算的依据

设标准溶液(滴定剂)中的溶质 B 与被滴定物质(被测组分)A 之间的化学反应为：

$$aA + bB \longrightarrow cC + dD$$

反应定量完成后达到计量点时，$b$mol 的 B 物质恰与 $a$mol 的 A 物质完全作用，生成了 $c$mol 的 C 物质和 $d$mol 的 D 物质。

即当 A 与 B 按化学计量关系完全反应时，则：

$$n_A : n_B = a : b \longrightarrow \frac{n_A}{n_B} = \frac{a}{b}$$

三、滴定分析法计算实例

1. 标准溶液的配制(直接法)、稀释与增浓的计算

标准溶液配制的计算依据是溶液在配制前后溶质的物质的量相等，即：

$$n(\text{配制前}) = n(\text{配制后})$$

例 2　欲配制 0.1005mol/L 的 $K_2Cr_2O_7$标准溶液 1000mL，问应称取基准物质 $K_2Cr_2O_7$的质量为多少克？

解：已知 $c_{K_2Cr_2O_7} = 0.1005mol/L$，$V = 1000mL = 1.000L$，$M_{K_2Cr_2O_7} = 294.2g/mol$

根据公式 $m_B = c_B V_B M_B$，

$$m_{K_2Cr_2O_7} = c_{K_2Cr_2O_7} V_{K_2Cr_2O_7} M_{K_2Cr_2O_7} = 0.1005 \times 1.000 \times 294.2 = 29.57g$$

答：应称取基准物质 $K_2Cr_2O_7$的质量为 29.57g。

例 3　已知浓盐酸的密度为 1.19g/mL，其中 HCl 含量约为 37%。

计算：(1)每升浓盐酸中所含 HCl 的物质的量和浓盐酸的浓度。

（2）欲配制浓度为 0.10mol/L 的稀盐酸 5000mL，需量取上述浓盐酸多少毫升？

解：(1)已知：$M_{HCl} = 36.46g/mol$

$$n_{HCl} = \frac{m_{HCl}}{M_{HCl}} = \frac{1.19g/mL \times 1.0 \times 10^3 mL \times 37\%}{36.46g/mol} = 12mol$$

$$c_{HCl} = \frac{n_{HCl}}{V_{HCl}} = \frac{12mol}{1.0L} = 12mol/L$$

答：每升浓盐酸中所含 HCl 的物质的量是 12mol，浓盐酸的浓度是 12mol/L。

（2）溶液稀释前后，其中溶质的物质的量不会改变，即 $c_{浓} \times V_{浓} = c_{稀} \times V_{稀}$

$$\because \quad c_{浓} \times V_{浓} = c_{稀} \times V_{稀}$$

$$\therefore \quad 12 \times V_{浓} = 0.10 \times 5000$$

$$V_{浓} = 41.67mL$$

答：需量取浓盐酸 41.67mL。

例 4　现有 HCl 溶液（0.09760mol/L）4800mL，欲使其浓度为 0.1000mol/L，问应加入 HCl 溶液（0.5000mol/L）多少？

解：$(c_{原} \times 4800) + 0.5000 \times V_{加} = 0.1000 \times (4800 + V_{加})$

$V_{加} = 28.8\text{mL}$

答：需加入 HCl 溶液 28.8mL。

例 5 已知浓盐酸的密度为 1.19kg/L，其中 HCl 的质量分数为 0.37，试求该盐酸溶液的物质的量浓度。若要配制 0.1mol/L 的盐酸溶液 1000mL，应取浓盐酸多少毫升？

解：(1) 已知 $\omega_{HCl} = 0.37$，$\rho = 1.19\text{kg/L} = 1190\text{g/L}$，$M_{HCl} = 36.45\text{g/mol}$

根据公式 $m_B = \rho V \omega_{HCl}$，得每升浓盐酸中含 HCl 的质量为：

$$m_{HCl} = 1190 \times 0.37 \times 1.00 = 440.3\text{g}$$

根据公式 $c_B = \frac{m_B}{M_B V}$，得浓盐酸的浓度为：

$$c_{HCl} = \frac{m_{HCl}}{M_{HCl}} V = \frac{440.3}{36.45 \times 1.000} = 12.08\text{mol/L}$$

(2) 已知 $c_1 = 12.08\text{mol/L}$，$c_2 = 0.1\text{mol/L}$，$V_2 = 1000\text{mL}$

根据公式 $c_1 V_1 = c_2 V_2$，得 $12.08 \times V_{HCl} = 0.1 \times 1000$

$V_{HCl} = 8.3\text{mL}$

答：浓盐酸的物质的量浓度约为 12.08mol/L，配制 0.1mol/L 的盐酸溶液 1000mL，应取浓盐酸的体积为 8.3mL。

2. 求标准溶液浓度 c_B

若已知待测溶液的体积 V_A 和标准溶液的浓度 c_B 和体积 V_B，则：

$$c_A \cdot V_A = \frac{a}{b} \cdot c_B \cdot V_B \tag{3-4}$$

$$\therefore \quad c_A = \frac{a}{b} \cdot \frac{V_B}{V_A} \cdot c_B \tag{3-5}$$

(1) 用比较法标定标准溶液的浓度

例 6 滴定 0.1012mol/L 的 NaOH 标准溶液 20.00mL，至化学计量点时消耗 H_2SO_4 溶液 19.25mL，计算 H_2SO_4 溶液的物质的量浓度。

解：已知 $c_{NaOH} = 0.1012\text{mol/L}$，$V_{NaOH} = 35.00\text{mL}$，$V_{H_2SO_4} = 19.25\text{mL}$

$$2NaOH + H_2SO_4 \longrightarrow Na_2SO_4 + 2H_2O$$

$$\therefore \quad \frac{n_{NaOH}}{n_{H_2SO_4}} = \frac{2}{1}$$

$$\frac{c_{NaOH} V_{NaOH}}{c_{H_2SO_4} V_{H_2SO_4}} = \frac{0.1012 \times 35.00}{c_{H_2SO_4} \times 19.25} = \frac{2}{1}$$

$$\therefore \quad c_{H_2SO_4} = 0.09200\text{mol/L}$$

答：H_2SO_4 溶液的物质的量浓度 0.09200mol/L。

(2) 用基准物质标定标准溶液的浓度

例 7 称取邻苯二甲酸氢钾（KHP）基准物质 0.4925g，标定 NaOH 溶液，终点时用去 NaOH 溶液 23.50mL，求 NaOH 溶液的浓度。已知：$M_{KHP} = 204.2\text{g/mol}$

解：已知 $m_{KHP} = 0.4925\text{g}$，$V_{NaOH} = 23.50\text{mL}$，$M_{KHP} = 204.2\text{g/mol}$

$$NaOH + KHP \longrightarrow NaPK + H_2O$$

$$n_{NaOH} = n_{KHP} \qquad c_{NaOH} V_{NaOH} \times 10^{-3} = \frac{m_{KHP}}{M_{KHP}}$$

$$c_{NaOH}=\frac{1000m_{KHP}}{V_{NaOH}M_{KHP}}=\frac{1000\times0.4925}{23.50\times204.2}=0.1026\text{mol/L}$$

答：NaOH 溶液的浓度是 0.1026mol/L。

（3）估算应称取基准物质的质量

$$n_A=\frac{a}{b}\cdot n_B\longrightarrow\frac{m_A}{M_A}=\frac{a}{b}\cdot n_B=\frac{a}{b}\cdot c_B\cdot V_B\times\frac{1}{1000}\tag{3-6}$$

$$m_A=\frac{a}{b}\cdot c_B\cdot V_B\cdot M_A\times10^{-3}\quad\text{（体积 }V\text{ 以 mL 为单位）}$$

例 8 用 Na_2CO_3 标定 0.1mol/L HCl 标准溶液时，若约使用 20～25mL 标准溶液，问应称取基准 Na_2CO_3 多少克？

解：已知 $c_{HCl}=0.1\text{mol/L}$，$M_{Na_2CO_3}=106.0\text{g/mol}$

$$2HCl+Na_2CO_3\longrightarrow2NaCl+CO_2+H_2O$$

$$\frac{n_{HCl}}{n_{Na_2CO_3}}=\frac{2}{1}$$

$$\frac{c_{HCl}V_{HCl}\times10^{-3}}{\dfrac{m_{Na_2CO_3}}{M_{Na_2CO_3}}}=\frac{2}{1}$$

当 $V_{HCl}=20\text{mL}$ 时，

$$m_{Na_2CO_3}=\frac{1}{2}\times c_{HCl}V_{HCl}\times10^{-3}\times M_{Na_2CO_3}=\frac{1}{2}\times0.1\times20\times10^{-3}\times106.0=0.11\text{g}$$

当 $V_{HCl}=25\text{mL}$ 时，

$$m_{Na_2CO_3}=\frac{1}{2}\times c_{HCl}V_{HCl}\times10^{-3}\times M_{Na_2CO_3}=\frac{1}{2}\times0.1\times25\times10^{-3}\times106.0=0.13\text{g}$$

答：应称取基准 Na_2CO_3 的质量在 0.11～0.13g。

3. 物质的量浓度与滴定度间的换算

（1）滴定度 T_B 与物质的量浓度 c_B 之间的换算

根据公式 $m_B=T_BV_B$ 或 $m_B=c_BM_BV_B\times10^{-3}$ 可以推导出：

$$c_B=\frac{T_B\times1000}{M_B}\text{ 或 }T_B=\frac{c_B\times M_B}{1000}\tag{3-7}$$

（2）滴定度 $T_{A/B}$ 与物质的量浓度 c_B 之间的换算

根据公式 $m_A=\frac{a}{b}c_BV_BM_A\times10^{-3}$ 和 $m_A=T_{A/B}V_B$ 可以推导出：

$$T_{A/B}=\frac{a}{b}\times c_BM_A\times10^{-3}\text{ 或 }c_B=\frac{b}{a}\times\frac{T_{A/B}\times1000}{M_A}\tag{3-8}$$

例 9 已知 $T_{CaO/EDTA}=0.001122\text{g/mL}$，计算 EDTA 标准溶液的物质的量浓度。

解：已知 $T_{CaO/EDTA}=0.001122\text{g/mL}$，$M_{CaO}=56.08\text{g/mol}$，$a=1$，$b=1$

$$c_{EDTA}=\frac{b}{a}\times\frac{T_{CaO/EDTA}\times1000}{M_{CaO}}=\frac{0.001122\times1000}{56.08}=0.02001\text{mol/L}$$

答：EDTA 标准溶液的物质的量浓度为 0.02001mol/L。

4. 试样中待测组分 A 的质量分数的计算

$$\omega_A = \frac{m_A}{m_s} = \frac{\frac{a}{b} \times c_B \times V_B \times M_A}{m_s} \times 10^{-3} \tag{3-9}$$

例 10 精密称取 NaCl 样品 0. 1985g，加水溶解，加指示剂适量，用 0. 1060mol/L 的 $AgNO_3$标准溶液滴定至终点，消耗 $AgNO_3$溶液 24. 20mL，计算样品中 NaCl 的质量分数。

解：已知 $m_{NaCl}=0.1985g$，$c_{AgNO_3}=0.1060mol/L$，$V_{AgNO_3}=24.20mL$，$M_{NaCl}=58.5g/mol$，

$$AgNO_3+NaCl \longrightarrow AgCl\downarrow +NaNO_3$$

$$\omega_{NaCl} = \frac{m_{NaCl}}{m_s} \times 100\% = \frac{n_{NaCl}M_{NaCl}}{m_s} \times 100\% = \frac{c_{AgNO_3}V_{AgNO_3}M_{NaCl} \times 10^{-3}}{m_s} \times 100\%$$

$$= \frac{0.1060 \times 24.20 \times 58.5 \times 10^{-3}}{0.1985} \times 100\% = 75.60\%$$

答：样品中 NaCl 的质量分数为 75. 60%。

同步测试

一、名词解释

1. 标准溶液　2. 标定　3. 物质的量浓度　4. 滴定度　5. 基准物质

二、单项选择题

1. 滴定分析法属于下列哪种分析方法(　　)
   A. 化学分析　B. 仪器分析　C. 重量分析　D. 微量分析
2. 滴定分析法的相对误差在一般情况下(　　)
   A. ≤0. 01%　B. ≤0. 1%　C. ≤0. 02%　D. ≤0. 2%
3. 测定 $CaCO_3$时，先加入准确过量的 HCl 标准溶液与其完全反应，剩余的 HCl 用 NaOH 标准溶液滴定，这种滴定方式属于(　　)
   A. 直接滴定　B. 置换滴定　C. 剩余滴定　D. 间接滴定
4. 滴定终点是指(　　)
   A. 指示剂发生颜色变化的转变点
   B. 反应达到质量相等的那一点
   C. 标准溶液与被测物质按化学计量关系定量反应完全的那一点
   D. 停止滴定的那一点
   E. 加入 20. 00mL 标准溶液的那一点
5. 用 HCl 标准溶液测定 $CaCO_3$样品的含量时，a/b 为(　　)
   A. 1/1　B. 1/2　C. 2/1　D. 1/3
6. 下列物质可以作为基准物质的是(　　)
   A. Na_2CO_3　B. HCl　C. NaOH　D. H_2SO_4
7. 用基准物质配制标准溶液的方法称为(　　)
   A. 间接配制法　B. 移液管法　C. 直接配制法　D. 比较法

8. 用 $AgNO_3$标准溶液测定 NaCl 的含量，若 $T_{NaCl/AgNO_3}=1.00\times10^{-2}$g/mL，达到终点时，用去 $AgNO_3$标准溶液 22.00mL，则样品中 NaCl 的质量为(　　)

A. 0.022g　　B. 0.058g　　C. 0.22g　　D. 0.58g

9. 标定标准溶液浓度误差较小的方法是(　　)

A. 基准物质法　　B. 比较法　　C. 剩余滴定法　　D. 置换滴定法

10. 用直接法配制标准溶液，用于定容溶液体积的容器为(　　)

A. 滴定管　　B. 量筒　　C. 移液管　　D. 容量瓶

三、填空题

1. 已知准确浓度的试剂溶液为________(又称________)。

2. 加入的________与________按化学计量关系定量反应完全时称反应达到了化学计量点。

3. 滴定分析法的滴定方式有：________、________、________、________。

4. 滴定度与物质的量浓度之间的关系式为________。

5. 标定标准溶液的方法分为：________、________和________。

四、简答题

1. 化学计量点与滴定终点有何不同？

2. 什么是终点误差？如何减小终点误差？

3. 滴定分析法主要分为几大类？其反应基础各为什么？

4. 滴定分析法常用的滴定方式有几种？说出其各自的适用范围。

5. 标准溶液的配制有几种方法？说出各种配制方法的适用范围。

五、计算题

1. 已知浓硫酸的密度为 1.84g/mL，质量分数为 0.96，计算浓硫酸的物质的量浓度。若需配制 0.5mol/L 的硫酸溶液 1000mL，需取浓硫酸多少毫升？(H_2SO_4的摩尔质量为 98.08g/mol)

2. 将 32.00g NaOH 溶于水配制成 300.0mL 溶液，此溶液的物质的量浓度是多少？中和此 NaOH 溶液需要 6.000mol/L 的 HCl 标准溶液多少毫升？(NaOH 的摩尔质量为 40.01g/mol)

第四章 酸碱滴定法

【学习目标】

1. 掌握一元弱酸、弱碱准确滴定的条件及指示剂的选择；酸碱滴定分析结果的有关计算。
2. 熟悉酸碱指示剂变色原理、变色范围及应用。
3. 了解滴定曲线、滴定突跃、突跃范围的意义。

【本章重点】

1. 酸碱指示剂的变色范围、应用及正确选择。
2. 酸碱滴定法的应用。

【本章难点】

1. 酸碱标准溶液的配制和标定方法及有关计算。
2. 酸碱滴定法的应用。

【项目导入】

医药上，有酸性药物和碱性药物。阿司匹林泡腾片，其主要成分为阿司匹林，辅料有玉米淀粉、碳酸钙(低铁)、无水枸橼酸、胶体二氧化硅、糖精钠、聚维酮、桔子香精等，用于治疗普通感冒或流行性感冒引起的发热，也用于缓解轻至中度疼痛，如头痛、牙痛、神经痛、肌肉痛、痛经及关节痛等；碳酸氢钠片，其主要成分为碳酸氢钠，辅料为淀粉、液体石蜡、硬脂酸镁，常常用来缓解胃酸过多引起的胃痛、胃灼热感(烧心)、反酸。这些酸性和碱性药物可以用酸碱滴定法进行主要成分的含量测定，以评价药品质量。

酸碱滴定法是以酸碱中和反应为基础的滴定分析方法，也称中和滴定法，是重要的滴定分析方法之一，是学习其他滴定分析法基础。此法应用广泛，一般酸、碱以及能与酸、碱直接或间接反应的物质，大多可以用该法进行测定。除水溶液体系外，还可以利用非水溶液体系中质子的转移反应进行非水酸碱滴定分析。

第一节 酸碱指示剂

一、酸碱指示剂的变色原理

酸碱指示剂是一类结构较复杂的有机弱酸或有机弱碱，或是有机酸碱两性物质；其共轭酸碱对具有不同的颜色，当溶液的 pH 改变时，指示剂亦得失质子，其结构发生变化，引起溶液的颜色也随之改变。当指示剂某种型体达到一定的浓度时，试液因明显地显示它的颜色而指示滴定终点。

下面以甲基橙和酚酞为例说明其变色原理。

甲基橙(Methyl Orange，MO)是一种有机碱，称碱型指示剂。因其酸式、碱式型体均有颜色而称为双色指示剂，它在水溶液中因得失质子颜色的变化为：

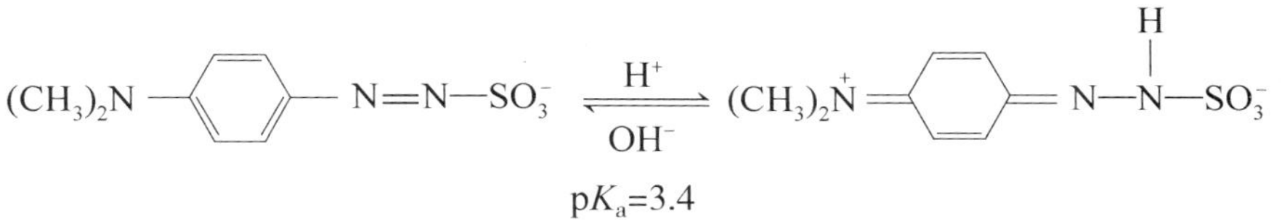

碱式(黄色)　　　　　　　　　　酸式(橙色)

酚酞(Phenolphthalein，PP)是有机弱酸，称酸型指示剂，它在水溶液中因得失质子有如下颜色变化：

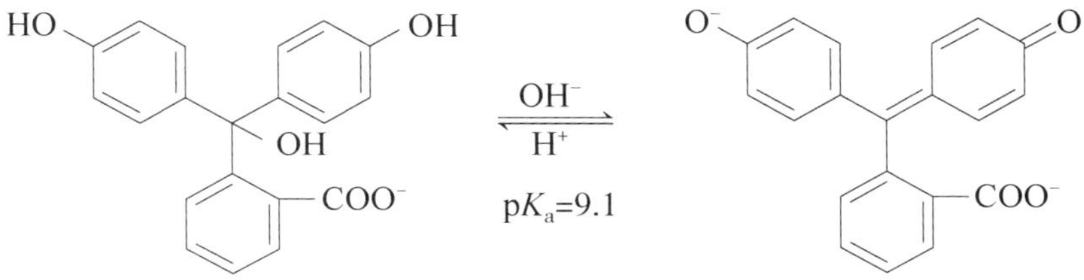

酸式(无色)　　　　　　　　　　碱式(红色)

在酸性溶液中，酚酞主要以酸式结构存在，溶液呈无色；若向溶液中加碱则平衡向右移动，酚酞主要以碱式结构存在，溶液呈红色。

二、指示剂的变色范围

从酚酞的变色原理可见，溶液 pH 改变，导致酸碱指示剂结构的改变，从而引起了指示剂颜色的改变。所以，酸碱指示剂的变色与溶液的 pH 有着密切的关系。

下面以弱酸型指示剂(HIn)为例，说明指示剂的颜色变化与溶液 pH 变化的数量关系。

当解离达到平衡时：　　　$HIn \rightleftharpoons H^+ + In^-$

酸式型体　　碱式型体

$$\frac{[In^-]}{[HIn]}=\frac{K_a}{[H^+]} \qquad (4\text{-}1)$$

pK_{HIn}为指示剂的解离平衡常数，在一定的温度下为一常数。

由式(4-1)可知，酸碱指示剂的颜色变化是由 c_{HIn}/c_{In^-}决定的，但由于人眼对于颜色的敏感度有限，所以，只有当溶液的 pH 由 $pK_{HIn}-1$ 变化到 $pK_{HIn}+1$ 时，溶液的颜色才由酸式色变为碱式色，这时人的视觉才能明显地看出指示剂颜色的变化。所以酸碱指示剂的理论变色范围为：

$$pH=pK_{HIn}\pm1$$

指示剂的 pK_{HIn}不同，变色范围也不同，当 $c_{HIn}=c_{In^-}$时，即 $pH=pK_a$时的 pH 称为指示剂的理论变色点(表 4-1)。

例如，甲基橙的 $pK_{HIn}=3.4\sim4.4$，实际测量值为 $pH=3.1\sim4.4$。计算结果表明

pH=4.4 时

$$[HIn]=\frac{c[H^+]}{[H^+]+K_a}=\frac{10^{-4.4}c}{10^{-4.4}+10^{-3.4}}$$

$$[In]=\frac{cK_a}{[H^+]+K_a}=\frac{10^{-3.4}c}{10^{-4.4}+10^{-3.4}}$$

$$\therefore \quad [In]/[HIn^+]=10$$

即碱型浓度为酸型的 10 倍以上时，才能感到溶液显碱型色(黄色)。

pH=3.1 时

$$[HIn^+]=\frac{10^{-3.1}c}{10^{-3.1}+10^{-3.4}} \qquad [In]=\frac{10^{-3.4}c}{10^{-3.1}+10^{-3.4}}$$

$$\therefore \quad [HIn^+]/[In]=10^{-3.1}/10^{-3.4}=2$$

即酸型浓度只需大于碱型的 2 倍，就能使溶液呈现酸型(红色)。这是因为人眼对于红色较对黄色更为敏感之故。

指示剂的变色范围越窄，当溶液的 pH 在其附近稍有变化时，越容易观察到试液颜色的变化，有利于提高滴定的准确度。

在指示剂的变色范围中能产生明显色变的 pH，称为指示剂的实际变色点，可据此判断滴定终点。

表 4-1　常用的酸碱指示剂

指示剂	变色范围 pH	颜色变化	pK_{HIn}
百里酚蓝	1.2~2.8　8.0~9.6	红~黄　黄~蓝	1.7　8.9
甲基黄	2.9~4.0	红~黄	3.3
甲基橙	3.1~4.4	红~黄	3.4
溴酚蓝	3.0~4.6	黄~紫	4.1
溴甲酚绿	4.0~5.6	黄~蓝	5.0
甲基红	4.4~6.2	红~黄	5.0
溴百里酚蓝	6.2~7.6	黄~蓝	7.3
中性红	6.8~8.0	红~橙黄	7.4
酚酞	8.0~9.6	无~红	9.1
百里酚酞	9.4~10.6	无~黄	10.0

三、影响指示剂变色范围的用量

1. 指示剂的因素

适宜的指示剂浓度将使其在终点的变色比较敏锐，有助于提高滴定的准确度，对于双色指示剂更是如此。

指示剂变色过程也要消耗一定的滴定剂，从而引入误差。

对于单色指示剂，如用量过大，将使其变色范围向 pH 减小的方向移动。

要选择在终点时变色敏锐，易于观测颜色变化的指示剂指示终点。例如酚酞比较适宜在以强碱作滴定剂时使用；而用强酸滴定强碱时，采用甲基橙则较酚酞为好。

2. 温度

由于 K_a、K_w 等常数受温度的影响，因而影响到指示剂的变色范围。当有必要加热试液时，应在溶液冷却后再进行滴定。

3. 中性电解质

它们的存在增大了溶液的离子强度，从而影响指示剂的 K_a 及其变色范围。

4. 溶剂

不同的溶剂有不同的酸碱性和介电常数，由此对指示剂的 K_a 和变色范围发生影响。

四、混合指示剂

但是，某些酸碱滴定中，pH 突跃范围很窄，使用一般的指示剂难以判断终点，可采用混合指示剂。混合指示剂的配制通常有两种方法，一种是在某种指示剂中加入一种惰性染料；另一种是将两种或多种指示剂混合而成。混合指示剂具有变色范围窄、变色敏锐等特点。混合指示剂利用颜色之间的互补作用可获得很窄的变色范围，且在终点有敏锐的颜色变化。当需要在较窄小的 pH 范围内发生色变时，采用它有利于提高测定的准确度。

例如，甲基橙和靛蓝组成的混合指示剂，靛蓝在酸碱滴定过程中不变色(蓝色)，只作为甲基橙变色的背景。两者组成的混合指示剂随溶液 pH 的改变有如下颜色变化，其中 pH=4.1 时，是变色点(浅灰色)。见表 4-2。又如，溴甲酚绿和甲基红，两种指示剂按一定比例混合而成的混合指示剂，其颜色随溶液 pH 的改变有以下变化，其中变色点为 pH=5.1(灰色)。见表 4-3。常用酸碱混合指示剂表见表 4-4。

表 4-2　甲基橙+靛蓝混合指示剂

溶液的酸度	甲基橙	靛蓝	甲基橙+靛蓝
pH≥4.4	黄色	蓝色	浅绿色
pH=4.1	橙色	蓝色	浅灰色
pH ≤ 3.1	红色	蓝色	紫色

表 4-3　溴甲酚绿+甲基红混合指示剂

溶液的酸度	溴甲酚绿	甲基红	溴甲酚绿+甲基红
pH < 4.0	黄色	红色	橙色(酒红)
pH=5.1	绿色	橙色	灰绿色
pH>6.2	蓝色	黄色	绿色

表 4-4　常用酸碱混合指示剂

指示剂溶液的组成	变色时 pH	颜色		备注
		酸色	碱色	
一份 0.1%甲基橙水溶液 一份 0.25%靛蓝二磺酸水溶液	4.1	紫	黄绿	
一份 0.1%溴甲酚绿钠盐水溶液 一份 0.2%甲基橙水溶液	4.3	橙	蓝绿	pH=3.5 黄色 pH=4.05 绿色 pH=4.3 蓝绿色
三份 0.1%溴甲酚绿乙醇溶液 一份 0.2%甲基红乙醇溶液	5.1	酒红	绿	

续表

指示剂溶液的组成	变色时 pH	颜色		备注
		酸色	碱色	
一份 0.2%甲基红乙醇溶液 一份 0.1%亚甲基蓝乙醇溶液	5.4	红紫	绿	pH=5.2 红紫色 pH=5.4 暗蓝色 pH=5.6 暗绿色
一份 0.1%中性红乙醇溶液 一份 0.1%次甲基蓝乙醇溶液	7.0	蓝紫	绿	pH=7.0 紫蓝
一份 0.1%甲酚红钠盐水溶液 三份 0.1%百里酚蓝钠盐水溶液	8.3	黄	紫	pH=8.2 玫瑰红 pH=8.4 清晰的紫色
一份 0.1%百里酚蓝 50%乙醇溶液 三份 0.1%酚酞 50%乙醇溶液	9.0	黄	紫	从黄到绿，再到紫
一份 0.1%酚酞乙醇溶液 一份 0.1%百里酚酞乙醇溶液	9.9	无	紫	pH=9.6 玫瑰红 pH=10 紫色
二份 0.1%百里酚酞乙醇溶液 一份 0.1%茜素黄 R 乙醇溶液	10.2	黄	紫	

注：混合酸碱指示剂要保存在深色瓶中。

第二节　滴定曲线和指示剂选择

在滴定分析中，我们经常考虑的问题是被测物质能否用酸碱滴定法测定；滴定过程中溶液 pH 是如何随标准溶液的加入而变化的；如何选择指示剂，使它在终点时有明显的颜色变化，又使滴定误差在允许的范围内。本节将根据不同的酸碱滴定类型作介绍。

一、强酸与强碱的滴定

1. 滴定曲线

强酸与强碱反应的实质是：$H^+ + OH^- \Longrightarrow H_2O$

现以 0.1000mol/L NaOH 溶液滴定 0.1000mol/L HCl 溶液 20.00mL 为例进行讨论。整个滴定过程可分为以下 4 个阶段。

（1）滴定开始前　HCl 是强酸，在水溶液中完全解离，溶液的 pH 取决于 HCl 的原始浓度。

$$[H^+] = 0.1000\text{mol/L},\ pH = 1.00$$

（2）滴定开始至化学计量点前　随着 NaOH 标准溶液的不断滴入，溶液中$[H^+]$逐渐减小，溶液的 pH 取决于剩余 HCl 的量和溶液的体积。即

$$[H^+] = \frac{V_0 - V}{V_0 + V} \cdot c_{HCl}$$

例如，当滴入 19.98mL 的 NaOH（化学计量点前 0.1%）标准溶液时，溶液的 pH 计算如下：

$$[H^+] = \frac{20.00 - 19.98}{20.00 + 19.98} \times 0.1000 = 5.0 \times 10^{-5}\text{mol/L}$$

$$pH = 4.30$$

（3）化学计量点时　当滴入 20.00mL NaOH 标准溶液时，NaOH 和 HCl 以等物质的量相互作用，溶液呈中性。

$$[H^+] = [OH^-] = 10^{-7} mol/L \quad pH = 7.00$$

（4）化学计量点后　溶液的 pH 由过量的 NaOH 的量和溶液的总体积来决定。

例如，当滴入 20.02mL NaOH 溶液（化学计量点后 0.1%）时，溶液的 pH 由过量 NaOH 的浓度决定，即

$$[OH^-] = \frac{V - V_0}{V_0 + V} \cdot c_{NaOH}$$

则溶液的 pH 计算如下：

$$[OH^-] = \frac{20.02-20.00}{20.00+20.02} \times 0.1000 = 5.0 \times 10^{-5} mol/L$$

$$pOH = 4.30 \quad pH = 9.70$$

如此逐一计算，可算出滴定过程中溶液 pH 变化，其数据见表 4-5。

表 4-5　NaOH 滴定 HCl 时溶液的 pH

（$c_{NaOH} = c_{HCl} = 0.1000 mol/L$，$V_{HCl} = 20.00mL$）

加入 NaOH 溶液体积/mL	HCl 被滴定的百分数	剩余 HCl 溶液体积/mL	过量 NaOH 溶液体积/mL	$[H^+]$/(mol/L)	pH
0.00		20.00		1.0×10^{-1}	1.00
18.00	90.00	2.00		5.3×10^{-3}	2.28
19.80	99.00	0.20		5.0×10^{-4}	3.30
19.96	99.80	0.04		1.0×10^{-4}	4.00
19.98	99.90	0.02		5.0×10^{-5}	4.30 } 突跃范围
20.00	100.0	0.00		1.0×10^{-7}	7.00 } 突跃范围
20.02	100.1		0.02	2.0×10^{-10}	9.70 } 突跃范围
20.04	100.2		0.04	1.0×10^{-10}	10.00
20.20	101.0		0.20	2.0×10^{-11}	10.70
22.00	110.0		2.00	2.0×10^{-12}	11.70
40.00	200.0		20.00	3.0×10^{-13}	12.50

若以 NaOH 的加入量为横坐标，以溶液的 pH 为纵坐标作图，所得 pH-V 曲线即为强酸滴定强酸的滴定曲线。如图 4-1 所示。

从表 4-5 和图 4-1 可以看出：

① 从滴定开始到加入 NaOH 19.98mL 时，溶液的 pH 仅仅改变了 3.30 个 pH 单位，即 pH 变化缓慢，因此曲线的变化平坦。

② 但从 19.98~20.02mL，即在化学计量点前后±0.1%范围内，仅加入 NaOH 0.04mL（1 滴）时，溶液的 pH 由 4.30 急剧增到 9.70，改变了 5.40 个 pH 单位，溶液由酸性突变到碱性。由图 4-1 可以看出，在计量点前后曲线呈近似垂直的一段，表明溶液的 pH 发生了急剧的变化。这种在化学计量点附近溶液的 pH 发生突变的现象称为滴定突跃，滴定突跃所在的 pH 范围称为滴定突跃范围。

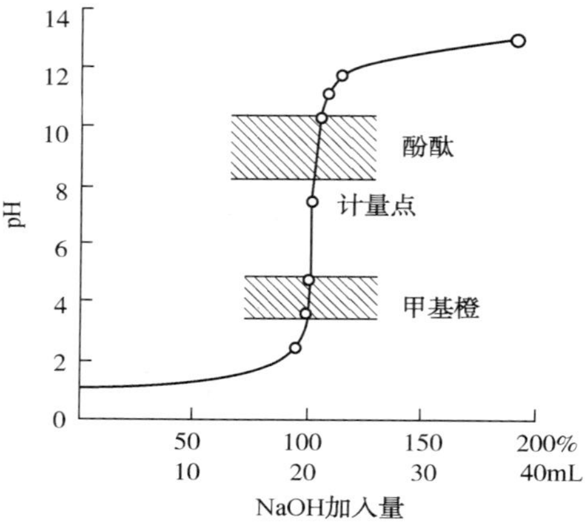

图 4-1　0.1000mol/L NaOH 溶液滴定 20.00mL 0.1000mol/L HCl 溶液的滴定曲线

③ 此后再继续滴加 NaOH，溶液的 pH 变化又很缓慢。

2. 指示剂的选择

常量分析一般允许误差为±0.1%。因此，滴定突跃具有十分重要的实际意义，它是选择指示剂的依据。指示剂选择原则是，凡是变色范围全部或部分处在滴定突跃范围内的指示剂，都可以用来指示滴定终点。例如，以上滴定可选甲基橙、甲基红、溴百里酚蓝、酚酞、百里酚酞等作指示剂。实验中为了减少视觉的误差，在选择指示剂时尽量使指示剂在终点时的颜色变化由无色向有色变化或浅色向深色变化。所以 NaOH 滴定 HCl 时常用酚酞、百里酚酞指示终点；HCl 滴定 NaOH 时常用甲基橙、甲基红指示终点。如果用 HCl 滴定 NaOH 溶液（条件同前），其滴定曲线与 NaOH 滴定 HCI 曲线相互对称，但溶液 pH 变化的方向相反。滴定突跃范围由 pH=9.70 降至 pH=4.30（ΔpH=5.4，同上）。可选择酚酞（红→无色）和甲基红（黄→红）指示终点。

滴定突跃范围大小与溶液的浓度有关，图 4-2 是三种不同浓度的 NaOH 溶液滴定相同浓度的 HCI 溶液的滴定曲线。由图 4-2 可见，浓度越大，滴定突跃范围越大；浓度越小，滴定突跃范围越小。滴定突跃范围越大，可供选择的指示剂越多；滴定突跃范围越小，可供选择的指示剂越少。所以标准溶液浓度不能太小，也不能太大。一般配制标准溶液浓度控制在 0.1~0.5mol/L 较适宜。

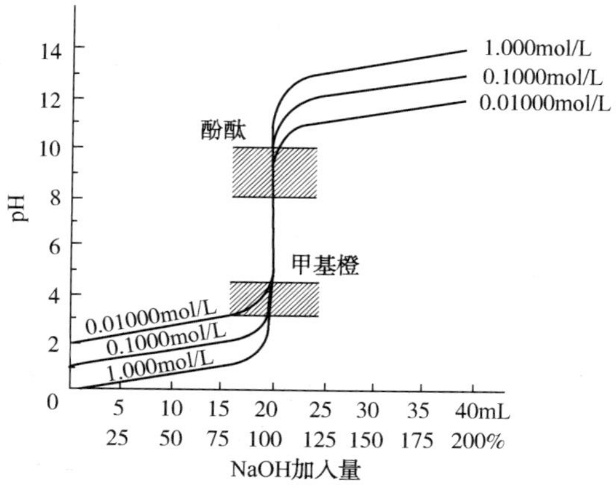

图 4-2　不同浓度 NaOH 溶液滴定相同浓度 HCl 溶液的滴定曲线

二、一元弱酸、弱碱的滴定

这类滴定分为强酸滴定一元弱酸和弱碱滴定一元弱酸。其化学计量点的 pH 取决于其共轭酸或共轭碱溶液的酸度。当 $K_a(K_b)$越大，一元弱酸(碱)的酸(碱)性越强，滴定反应的完全程度越大。

1. 强碱滴定一元弱酸(HA)

例 1 以 0.1000mol/L NaOH 滴定 0.1000mol/L CH_3COOH(HAc)20.00mL 为例讨论这种类型酸碱滴定的 pH 变化情况。

(1) 滴定开始前(V=0)　溶液中的 H^+主要来自 HAc 的解离。$[H^+]$可用最简式计算

$$\therefore \quad [H^+] = \sqrt{c_0 K_a} = \sqrt{0.1000 \times 1.8 \times 10^{-5}}$$
$$= 1.4 \times 10^{-3} \text{mol/L}$$
$$\text{pH} = 2.87$$

(2) 滴定开始至化学计量点前　因 NaOH 的滴入，溶液组成为 $HAc-Ac^-$，先按最简式进行计算

$$\text{pH} = \text{p}K_a + \lg \frac{c_{Ac^-}}{c_{HAc}}$$

其中
$$c_{HAc} = \frac{c_0 V_0 - cV}{V_0 + V} \qquad c_{Ac^-} = \frac{cV}{V_0 + V}$$

$$\because \quad c = c_0 = 0.1000 \text{mol/L}$$

$$\therefore \quad \text{pH} = \text{p}K_a + \lg \frac{V}{V_0 - V}$$

例如滴入 19.98mL NaOH 溶液时($\text{p}K_a = 4.74$)

$$\text{pH} = 4.74 + \lg \frac{19.98}{20.00 - 19.98} = 7.74$$

(3) 化学计量点时　HAc 与 NaOH 定量反应全部生成 NaAc，又因溶液的体积增大一倍，故 $c_{Ac^-} = 0.050$mol/L。此时溶液的酸度由 Ac^-的解离所决定：

$$\therefore \quad [OH^-] = \sqrt{c_{Ac^-} K_b} = \sqrt{0.050 \times 5.6 \times 10^{-10}}$$
$$= 5.3 \times 10^{-6} \text{mol/L}$$
$$\text{pOH} = 5.28 \qquad \text{pH} = 8.72$$

(4) 化学计量点后　OH^-和 Ac^-组成强碱与弱碱的混合溶液。因 Ac^-的解离受到 OH^-的控制，故溶液的碱度主要由过量的 NaOH 决定。例如滴入 20.02mL NaOH 溶液时，

$$[OH^-] = 0.1000 \times \frac{20.02 - 20.00}{20.00 + 20.02} = 5.0 \times 10^{-5} \text{mol/L}$$
$$\text{pOH} = 4.30 \quad \text{pH} = 9.70$$

表 4-6　NaOH 滴定 HAc 时溶液的 pH

（$c_{NaOH}=c_{HAc}=0.1000$mol/L，$V_{HAc}=20.00$mL）

加入 NaOH 溶液体积/mL	HAc 被滴定的百分数	剩余 HAc 溶液体积/mL	过量 NaOH 溶液体积/mL	pH	
0.00	0.00	20.00		2.87	
10.00	50.00	10.00		4.70	
18.00	90.00	2.00		5.70	
19.80	99.00	0.20		6.74	
19.98	99.90	0.02		7.74	突跃范围
20.00	100.0	0.00		8.72	突跃范围
20.02	100.1		0.02	9.70	突跃范围
20.20	101.0		0.20	10.70	
22.00	110.0		2.00	11.70	
40.00	200.0		20.00	12.50	

相应的滴定曲线绘制如图 4-3 所示。

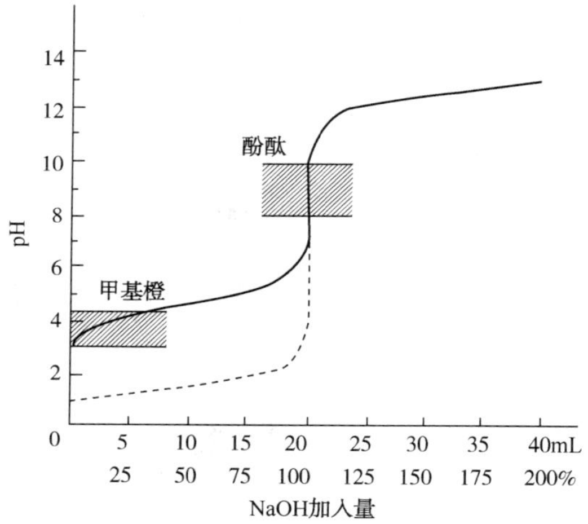

图 4-3　滴定曲线

由于 HAc 是弱酸，滴定曲线的起点较高，pH＝2.87(而前者起点 pH＝1.00)。

在计量点之前，溶液的组成为 $HAc-Ac^-$。滴定曲线陡峭与平缓与该溶液缓冲容量的大小变化有关(在 HAc 被滴定了 10%～90%之间，溶液的缓冲能力较强，pH 变化由 3.79～5.69，ΔpH 仅为 1.9)。

在化学计量点(sp)时溶液已呈碱性(产物为一元弱碱 Ac^-)，$pH_{sp}=8.72$。一元弱酸 HA 的酸性越弱(K_a越小)，pH_{sp}越大。

反应的完全程度较滴定强酸为低，滴定突跃较小(pH＝7.74～9.70，ΔpH＝1.96)，处于碱性范围。只能选择在碱性范围内变色的指示剂酚酞、百里酚酞指示终点。

如果用强酸滴定一元弱碱，由于滴定产物为一元弱酸 HB^+，故 sp 时溶液呈酸性。一元弱碱的 K_b值越小，pH_{sp}亦越小。由于反应的完全程度较低，故滴定突跃也较小，处于酸性范围，应选择甲基红、甲基橙指示终点。

第三节　酸碱标准溶液的配制和标定

酸碱滴定中，常用的标准溶液是 HCl 和 NaOH 溶液，其浓度一般为 0.1mol/L，太浓消耗试剂多，造成浪费，太稀滴定突跃小，滴定得不到准确结果。因为 HCl 具有挥发性，固体 NaOH 容易吸收空气中的水分，并与 CO_2 反应生成 Na_2CO_3，所以通常采用间接法配制，即先配制成近似浓度的溶液，然后用基准物质标定它们的准确浓度，或者用另一已知准确浓度的标准溶液滴定该溶液。

一、0.1mol/L HCl 标准溶液的配制和标定

1. 0.1mol/L HCl 标准溶液的配制

市售浓 HCl 的密度为 1.19g/mL，质量分数为 0.37，物质的量浓度约为 12mol/L。配制浓度为 0.1mol/L HCl 标准溶液 1000mL 应取浓 HCl 体积：

$$V=\frac{0.1\times1000}{12}=8.3\text{mL}$$

配制时为了使溶液的浓度不小于 0.1mol/L，应量取市售浓 HCl 溶液 9mL，加纯化水稀释至 1000mL，摇匀待标定。

2. 0.1mol/L HCl 标准溶液的标定

标定 HCl 标准溶液可用基准物质无水碳酸钠或硼砂，例如，用 Na_2CO_3 标定 HCl 的反应如下：

$$Na_2CO_3+2HCl \longrightarrow 2NaCl+CO_2+H_2O$$

标定方法：准确称取约 0.10g 在 270～300℃干燥至恒量的基准无水碳酸钠，置于 250mL 锥形瓶中，加 50mL 纯化水，摇动使之溶解。加入 2 滴甲基橙指示剂，以 0.1mol/L HCl 溶液滴定至溶液由黄色变为橙色，30s 不褪色，即为终点。记下实际消耗的 HCl 溶液的体积，平行测定 3 次。正确记录数据并进行结果分析。

按下式计算 HCl 标准溶液的物质的量浓度：

$$c_{HCl}=\frac{2\times m_{Na_2CO_3}}{V_{HCl}\times M_{Na_2CO_3}}\times10^3$$

例 2　准确称取基准物质无水 Na_2CO_3 0.1052g，溶于 20～30mL 水中，采用甲基橙指示剂，标定 HCl 溶液的浓度，达到化学计量点时，用去 HCl 溶液 10.30mL，则该 HCl 标准溶液的浓度为多少？

解：已知 $m_{Na_2CO_3}=0.1052\text{g}$，$V_{HCl}=19.20\text{mL}$，$M_{Na_2CO_3}=106.0\text{g/mol}$

$$c_{HCl}=\frac{2\times m_{Na_2CO_3}}{V_{HCl}\times M_{Na_2CO_3}}\times10^3=\frac{2\times0.1052}{19.20\times106.0}\times10^3=0.1034\text{mol/L}$$

二、0.1mol/L NaOH 标准溶液的配制和标定

1. 0.1mol/L NaOH 标准溶液配制

配制 1000mL 0.1mol/L NaOH 溶液，应称取固体 NaOH 的质量：

$$m=0.1\times1\times40=4\text{g}$$

配制时为了使溶液的浓度不小于 0.1mol/L，应迅速称出 NaOH 固体 4.2g，加纯化水使之成 1000mL，摇匀，贮于橡皮塞细口瓶中待标定。

2. 0.1mol/LNaOH 溶液的标定

标定 NaOH 溶液的基准物质常用的是邻苯二甲酸氢钾（$KHC_8H_4O_4$，缩写为 KHP），其纯度高，稳定，不吸水，且具有较大的摩尔质量，是较理想的基准试剂，其反应式如下：

$$KHC_8H_4O_4+NaOH \longrightarrow KNaC_8H_4O_4+H_2O$$

标定方法：准确称取约 0.40g 在 105～110℃干燥至恒量的基准邻苯二甲酸氢钾，置于 250mL 锥形瓶或烧杯中，加 50mL 煮沸后刚刚冷却的纯化水使之溶解，加入 2 滴酚酞指示剂，以 0.1mol/L NaOH 溶液滴定至呈微红色，30s 不褪色，即为终点，记下实际消耗的 NaOH 溶液的体积，平行测定 3 次。正确记录数据并进行结果分析。

按下式计算 NaOH 标准溶液的物质的量浓度：

$$c_{NaOH}=\frac{m_{KHP}}{V_{NaOH}\times M_{KHP}}\times 10^3$$

例 3 在标定 NaOH 溶液时，准确称取邻苯二甲酸氢钾的质量 0.4112g，滴定终点时用去 NaOH 18.50mL，则该 NaOH 标准溶液的浓度为多少？

解：已知 $m_{KHP}=0.4002g$，$V_{NaOH}=18.50mL$，$M_{KHP}=204.2g/mol$

$$c_{NaOH}=\frac{m_{KHP}}{V_{NaOH}\times M_{KHP}}\times 10^3=\frac{0.4002}{18.50\times 204.2}\times 10^3=0.1059mol/L$$

第四节 酸碱滴定法应用

酸碱滴定法能测定一般的酸、碱以及能与酸、碱起作用的物质，也能间接地测定一些既非酸又非碱的物质，因而其应用范围非常广泛。例如，临床上用于解热镇痛的药物乙酰水杨酸、纠正酸中毒的药用碳酸氢钠、血浆中总氮含量、血浆中 HCO_3^- 离子的溶度以及食品中总酸度、食醋中醋酸含量、酱油中的氨基酸含量、食用油中的游离脂肪酸含量等都可用酸碱滴定法进行测定。下面介绍几个应用实例。

一、药用碳酸氢钠的含量测定

药用碳酸氢钠为抗酸药，是临床上纠正酸中毒的常用药物。由于 H_2CO_3 为二元弱酸（$K_{a1}=4.2\times 10^{-7}$，$K_{a2}=5.6\times 10^{-11}$），其二级解离更弱，不能用 NaOH 标准溶液直接滴定。但是，碳酸氢钠水解以后溶液显碱性（$K_{b1}=1.8\times 10^{-4}$），能被 HCl 标准溶液直接滴定，反应式如下：

$$NaHCO_3+HCl \longrightarrow NaCl+CO_2+H_2O$$

测定方法：取药用碳酸氢钠片 4～5 片，准确称量，加入纯化水 50mL 使溶解，转移至 250.0mL 容量瓶中，从中准确移取 25.00mL 于锥形瓶中，加入纯化水 25mL，加甲基红-溴甲酚绿混合指示剂 3～5 滴，以已标定的 HCl 标准溶液滴定至溶液由绿色转变为紫红色，煮沸 2min，冷却至室温，继续滴定至溶液由绿色变为暗紫色，即达到滴定终点，记录滴定结果。平行测定三次，正确记录数据并进行结果分析。

按下式计算 $NaHCO_3$ 含量：

$$w_{NaHCO_3}=\frac{c_{HCl}\times V_{HCl}\times M_{NaHCO_3}\times 10^{-3}}{m_s\times\frac{25.00}{250.0}}\times 100\%$$

例 4 准确称取药用碳酸氢钠片 2.1215g，溶解定容至 250.0mL 容量瓶中，从中准确吸取 25.00mL 样液置于锥形瓶中，加 1～2 滴甲基橙指示剂，用 0.1034mol/L HCl 标准溶液滴定到终点消耗 HCl 标准溶液 15.05mL，试计算该药用碳酸氢钠片中 $NaHCO_3$ 含量。

解：$m_s=2.1215g$，$c_{HCl}=0.1034mol/L$，$V_{HCl}=23.05mL$，$M_{NaHCO_3}=84.0g/mol$

$$w_{NaHCO_3}=\frac{c_{HCl}\times V_{HCl}\times M_{NaHCO_3}\times 10^{-3}}{m_s\times\frac{25.00}{250.0}}\times 100\%=\frac{0.1034\times 23.05\times 84.0\times 10^{-3}}{2.1215\times\frac{25.00}{250.0}}\times 100\%$$

$=94.37\%$

二、乙酰水杨酸(阿司匹林)的含量测定

乙酰水杨酸是常用的解热镇痛药，其分子结构中含有羧基，在水溶液中可解离出 H^+（$K_a=3.24\times 10^{-4}$），故可以以酚酞作指示剂，用 NaOH 标准溶液直接滴定，滴定反应式如下：

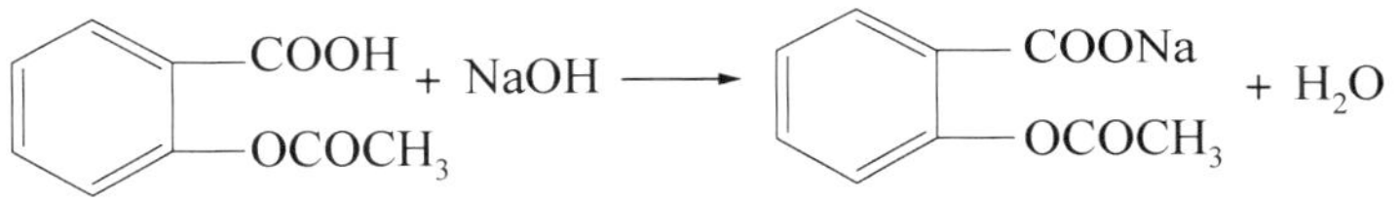

测定方法：准确称取阿司匹林药品 0.3g，加入中性乙醇 20mL 使溶解后，加入纯化水 20mL，混匀，加入酚酞指示剂 2～3 滴，在不超过 10℃的温度下，以已标定的 NaOH 标准溶液滴定至溶液显粉红色，即达到滴定终点，记录滴定结果。平行测定三次，正确记录数据并进行结果分析。

按下式计算乙酰水杨酸的含量(g/100mL)：

$$X_{C_9H_8O_4}=\frac{c_{NaOH}\times V_{NaOH}\times M_{C_9H_8O_4}\times 10^{-3}}{m_s}\times 100$$

乙酰水杨酸含有酯类结构，为防止酯在滴定时水解而使测定结果偏高，故在中性乙醇溶液中滴定。滴定时应在不断振摇下稍快地进行，以防止局部碱度过大而促进酯水解，干扰滴定。

三、白醋中醋酸含量测定

醋酸为弱酸，其 $K_a=1.8\times 10^{-5}$。凡是 $K_a>10^{-8}$ 的一元弱酸，均可被强碱准确滴定。因此可以用 NaOH 标准溶液滴定食用醋，根据 NaOH 消耗量可测出醋酸的含量。

反应式如下：

$$CH_3COOH+NaOH \longrightarrow CH_3COONa+H_2O$$

测定方法：准确吸取 25.00mL 食醋置于 250mL 容量瓶中，用新煮沸后冷却的纯化水(不含二氧化碳)定容，充分混匀，备用。从上述溶液中准确吸取 25.00mL 置于锥形瓶中，加入 2 滴酚酞指示剂，用已标定的 NaOH 标准溶液滴定至呈微红色，30s 内不褪，即为滴定终点，记录滴定结果。平行测定三次，正确记录数据并进行结果分析。

按下式计算醋酸含量(g/100mL)：

$$X_{CH_3COOH}=\frac{c_{NaOH}\times V_{NaOH}\times M_{CH_3COOH}\times 10^{-3}}{25.00\times\frac{25.00}{250.0}}\times 100$$

例 5 准确吸取 25.00mL 白醋置于 250.0mL 容量瓶中，加水定容，混匀。从上述溶液中准确吸取 25.00mL 置于锥形瓶中，加入酚酞指示剂 1~2 滴，用 0.1059mol/L NaOH 溶液滴定至终点，消耗的 NaOH 溶液的体积为 19.90mL，试计算该白醋中醋酸含量为多少？

解：已知 $c_{NaOH}=0.1059mol/L$，$V_{NaOH}=19.90mL$，$M_{CH_3COOH}=60.0g/mol$

$$X_{CH_3COOH}=\frac{c_{NaOH}\times V_{NaOH}\times M_{CH_3COOH}\times 10^{-3}}{25.00\times\frac{25.00}{250.0}}\times 100=\frac{0.1059\times 19.90\times 60.0\times 10^{-3}}{25.00\times\frac{25.00}{250.0}}\times 100$$

$=5.06g/100mL$

同步测试

一、判断题

1. 滴定分析法是将标准溶液滴加到被测物中，根据标准溶液的浓度和所消耗的体积计算被测物含量的测定方法。(　　)

2. 能用于滴定分析的化学反应，必须满足的条件之一是有确定的化学计量比。(　　)

3. 标准溶液的配制方法有直接配制法和间接配制法，后者也称为标定法。(　　)

4. 常用的一些酸碱如 HCl、$H_2C_2O_4$、H_2SO_4、NaOH、$NaHCO_3$、Na_2CO_3都不能用作基准物质。(　　)

5. 在酸碱滴定中被测物与滴定剂溶液各变化 10 倍，可使突跃范围增加 2 个 pH。(　　)

6. 失去部分结晶水的硼砂作为标定盐酸的基准物质，将使标定结果偏高。(　　)

7. 强碱滴定弱酸时，滴定突跃范围大小受酸碱浓度和弱酸的 pK_a 控制。(　　)

8. 滴定剂体积随溶液 pH 变化的曲线称为滴定曲线。(　　)

9. 变色范围在滴定突跃范围内的酸碱指示剂也不一定都能用作酸碱滴定的指示剂。(　　)

10. 硼酸的 $K_{a1}=5.8\times 10^{-10}$，不能用标准碱溶液直接滴定。(　　)

11. 无论何种酸或碱，只要其浓度足够大，都可被强碱或强酸溶液定量滴定。(　　)

12. 若一种弱酸不能被强碱滴定，则其共轭碱必定可被强碱滴定。(　　)

13. 配制 NaOH 标准溶液时，必须使用煮沸后冷却的纯化水。(　　)

二、名词解释

1. 酸碱滴定法　　2. 滴定曲线　　3. 滴点突跃　　4. 滴点突跃范围

三、单项选择题

1. 强碱滴定弱酸时，在下列哪种情况下，可以直接滴定(　　)。

A. $c=0.1mol/L$　　B. $K_a=10^{-7}$　　C. $cK_a \geqslant 10^{-8}$　　D. $cK_a \leqslant 10^{-7}$

2. NaOH 滴定 HAc 时，应选用下列哪种指示剂(　　)。

A. 甲基橙　　B. 甲基红　　C. 酚酞　　D. 百里酚蓝

3. 对于酸碱指示剂下列哪种说法是不恰当的(　　)。

A. 指示剂本身可以是一种弱酸　　B. 指示剂本身可以是一种弱碱

C. 指示剂的颜色变化与溶液的 pH 无关　　D. 指示剂的变色与其 K_{HIn} 有关

4. 用 HCl 滴定 Na_2CO_3 接近终点时，需要煮沸溶液，其目的是(　　)。

A. 驱赶 O_2　　B. 为了加快反应速度

C. 因为指示剂在热的溶液中容易变色　　D. 因为 Na_2CO_3 中有少量微溶性杂质

5. 有一未知溶液加甲基红指示剂显黄色，加酚酞指示剂无色，该未知溶液的 pH 约为(　　)。

A. 4.4~6.2　　B. 6.2~8.0　　C. 8.0　　D. 8.0~10.0

6. 能用 NaOH 标准溶液直接滴定，并且形成两个滴定突跃的酸为(　　)。

A. $H_2C_2O_4$($K_{a1}=6.5\times10^{-2}$，$K_{a2}=6.1\times10^{-5}$)

B. 邻苯二甲酸($K_{a1}=1.3\times10^{-3}$，$K_{a2}=3.9\times10^{-6}$)

C. 水杨酸($K_{a1}=1.07\times10^{-3}$，$K_{a2}=4\times10^{-14}$)

D. 顺丁烯二酸($K_{a1}=1.42\times10^{-2}$，$K_{a2}=8.57\times10^{-14}$)

7. 盐酸滴定硼砂溶液时，下列指示剂确定终点误差最小的是(　　)。

A. 甲基橙　　B. 甲基红　　C. 酚酞　　D. 百里酚酞

8. 标定 NaOH 标准溶液时常用的最佳基准物是(　　)。

A. 无水 Na_2CO_3　　B. 邻苯二甲酸氢钾　　C. 硼砂　　D. 草酸钠

9. 无水 Na_2CO_3 标定 HCl 浓度时，未经过在 270~300℃烘烤，其标定的浓度(　　)。

A. 偏高　　B. 偏低　　C. 正确　　D. 无影响

10. 关于下列指示剂的论述错误的是(　　)。

A. 指示剂的变色范围越窄越好

B. 指示剂的用量应恰当

C. 只能用混合指示剂

D. 指示剂的变色范围应恰好在突跃范围内

11. 酸碱滴定中需要用溶液润洗的器皿是(　　)。

A. 锥形瓶　　B. 移液管　　C. 滴定管　　D. 以上 B 和 C

12. 用 NaOH(0.1000mol/L)检测苯甲酸 0.2500g，需 NaOH 标准溶液(　　)。

A. 19.98mL　　B. 20.50mL　　C. 21.50mL　　D. 30.20mL

四、填空题

1. 在滴定分析中，指示剂颜色突变而停止滴定的那一点称为____。在化学计量点附近，由于加入一点酸所引起的溶液 pH 的急剧改变称为____。

2. 在用 NaOH 标准溶液滴定某未知酸时，若碱式滴定管未用 NaOH 标准溶液润洗，则滴定出的酸的浓度____，若锥形瓶未用酸润洗，则测定出酸的浓度____。

3. 判断某一元弱酸能否被强碱直接滴定的判据是____；判断某一元弱碱能否被强酸直接滴定的判据是____。

4. 用强碱滴定弱酸时，影响滴点突跃的两个因素是____和____。

5. 用强碱滴定弱酸，当酸的浓度一定时，酸越强，其滴定突跃范围________；酸越弱，其滴定突跃范围____。当 K_a 一定时，浓度越大，滴定突跃范围____；浓度越小，滴定突跃范围________。

6. 酸碱指示剂大多是____，其酸式和碱式具有____，当溶液 pH 降低时，呈现____，当溶液 pH 升高时，呈现____。

7. 处于指示剂的理论变色时，溶液的 pH 值为____，溶液呈现____；指示剂的理论变色范围________。

五、简答题

1. 简述酸碱指示剂的变色原理。

2. 在直接滴定法中，常需要选择用基准物来标定溶液，通常对于选择的基准物质有哪些要求？

3. 若用 NaOH 标准溶液来测定 HCl 溶液，分析下列操作会对测定结果产生什么影响？

（1）碱式滴定管水洗之后未用标准碱溶液润洗。

（2）滴定前碱式滴定管中未将气泡赶尽，滴定后气泡消失。

（3）锥形瓶水洗后用待测溶液润洗。

（4）若使用的锥形瓶水洗之后未干燥，即注入酸并进行滴定。

（5）滴定读数时，开始时平视，结束时仰视。

六、计算题

1. 现称取邻苯二甲酸氢钾 0. 4795g，经完全溶解后以酚酞作指示剂，用 NaOH 标准溶液进行滴定，用去该标准溶液 20. 40mL。求该 NaOH 标准溶液的浓度。

2. 在 20. 00mL HCl 溶液（0. 1000mol/L）中，加入 19. 50mL NaOH 溶液（0. 1500mol/L），计算溶液的 pH 为多少？

3. 为标定 HCl 标准溶液的浓度，称取基准物质 $Na_2CO_3$0. 1520g，滴定时用去 HCl 标准溶液 25. 20mL，求 HCl 标准溶液的浓度？

第五章　配位滴定法

【学习目标】

1. 了解 EDTA 的性质及 EDTA 与金属离子形成配合物的特点。
2. 熟悉金属指示剂的变色原理、常用的金属指示剂。
3. 掌握 EDTA 标准溶液的配制和标定方法、水的总硬度和钙镁离子的测定方法及分析结果的计算。

【本章重点】

1. EDTA 的性质及与金属离子的络合反应。
2. 金属指示剂的原理、具备条件及使用。
3. EDTA 标准溶液的配制和标定方法。

【本章难点】

1. EDTA 配位滴定法的实例应用。

【项目导入】

水的软硬度是根据水中的钙离子和镁离子的含量来计算的，这两种离子的含量越高，水的硬度就越大。《GB 5749—2006 中华人民共和国自来水水质国家标准》中，自来水总硬度(以 $CaCO_3$计)<450 mg/L。钙镁离子是人体每天必需的营养素，如果水有一定的硬度，通过饮水就可以补充一定量的钙镁离子，但水的硬度太高也会对人体造成一定的不利影响，那如何来测定水中的钙离子和镁离子含量呢?

第一节　概　　述

配位滴定法是以生成配位化合物的反应为基础的滴定分析方法。该方法是用配位剂作为标准溶液直接或间接滴定被测物质，并选用适当的指示剂指示滴定终点。配位反应在分析化学中应用非常广泛，除作滴定反应外，还常用于显色反应、萃取反应及掩蔽反应。

金属离子在溶液中大多是以不同形式的配位离子存在的，配位反应具有极大的普遍性，被广泛地应用于分析化学的各种分离与测定中。能用于配位滴定的配位反应必须具备一定的条件：

① 配位反应必须完全，即生成的配合物的稳定常数足够大；

② 反应应按一定的反应式定量进行，即金属离子与配位剂的比例(即配位比)要恒定；

③ 反应速度快；

④ 有合适的方法指示终点。

配位反应具有极大的普遍性，但不是所有的配位反应及其生成的配合物均可满足上述条件。

在配位滴定中最常用的氨羧配位剂主要有以下几种：EDTA(乙二胺四乙酸)，CyDTA(或 DCTA，环己烷二氨基四乙酸)，EDTP(乙二胺四丙酸)，TTHA(三乙基四胺六乙酸)。氨羧配位剂中 EDTA 是目前应用最广泛的一种，用 EDTA 标准溶液可以滴定几十种金属离子。通常所谓的配位滴定法就是 EDTA 滴定法。

第二节　EDTA 的性质

一、EDTA 的结构与性质

乙二胺四乙酸简称 EDTA，其分子式是 $C_{10}H_{16}O_8N_2$，从结构上看是一种四元酸，常用 H_4Y表示。它为白色粉末状结晶，微溶于水(22℃时 0.02g/100mL)，难溶于酸及一般有机溶剂；易溶于碱及氨水而生成相应的盐，生成的二钠盐可用 $Na_2H_2Y \cdot 2H_2O$ 表示，一般也简称为 EDTA，为白色结晶粉末。在水中有较大的溶解性(22℃时 11.1g/100mL)，饱和溶液的浓度约为0.3mol/L，其 pH 约为4.8。因此在配位滴定中，由于溶解度的原因，通常用 $Na_2H_2Y \cdot 2H_2O$ 配制 EDTA 标准溶液。

乙二胺四乙酸可以制成结晶固体，其结构式是：

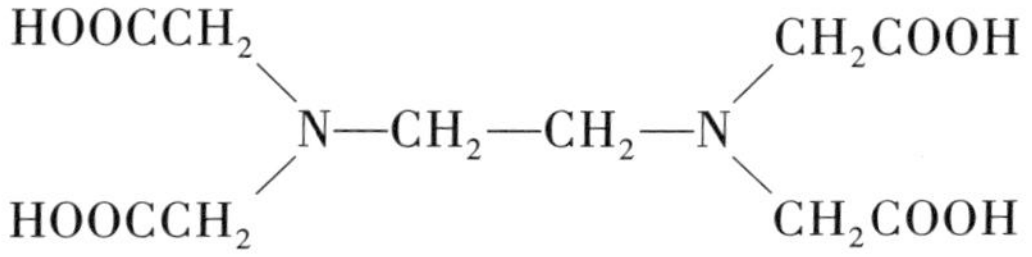

两个羧基上的 H 可转移至两个 N 原子上。若此时溶液的酸度很高，它的两个羧基可再接受 2 个 H^+形成 H_6Y^{2+}，这样，乙二胺四乙酸就相当于六元酸，有六级解离平衡：

$H_6Y^{2+} \rightleftharpoons H^+ + H_5Y^+$　$K_1 = 1.26 \times 10^{-1}$　$pK_1 = 0.90$

$H_5Y^+ \rightleftharpoons H^+ + H_4Y$　$K_2 = 2.51 \times 10^{-2}$　$pK_2 = 1.60$

$H_4Y \rightleftharpoons H^+ + H_3Y^-$　$K_3 = 1.00 \times 10^{-2}$　$pK_3 = 2.00$

$H_3Y^- \rightleftharpoons H^+ + H_2Y^{2-}$　$K_4 = 2.14 \times 10^{-3}$　$pK_4 = 2.67$

$H_2Y^{2-} \rightleftharpoons H^+ + HY^{3-}$　$K_5 = 6.92 \times 10^{-7}$　$pK_5 = 6.16$

$HY^{3-} \rightleftharpoons H^+ + Y^{4-}$　$K_6 = 5.501 \times 10^{-11}$　$pK_6 = 10.26$

因此，EDTA 在溶液中有 7 种型体，表示为 H_6Y^{2+}、H_5Y^+、H_4Y、H_3Y^-、H_2Y^{2-}、HY^{3-} 和 Y^{4-}。其不同型体的分布受溶液 pH 影响，在不同酸度下，溶液中的 EDTA 存在的主要型体不同，如表 5-1 所示。

表 5-1　不同 pH 时 EDTA 的主要存在形式

pH 范围	<1	1~1.6	1.6~2.0	2.0~2.7	2.7~6.2	6.2~10.3	>10.3
存在形式	H_6Y^{2+}	H_5Y^+	H_4Y	H_3Y^-	H_2Y^{2-}	HY^{3-}	Y^{4-}

它们的分布系数 δ 与溶液 pH 的关系如图 5-1 所示。

由分布曲线图中可以看出，在 pH<1 的强酸溶液中，EDTA 主要以 H_6Y^{2+}型体存在；在 pH 为 2.75~6.24 时，主要以 H_2Y^{2-}型体存在；仅在 pH>10.34 时才主要以 Y^{4-}型体存在。值得注意的是，在七种型体中只有 Y^{4-}(为了方便，以下均用符号 Y 来表示 Y^{4-})能与金属离子

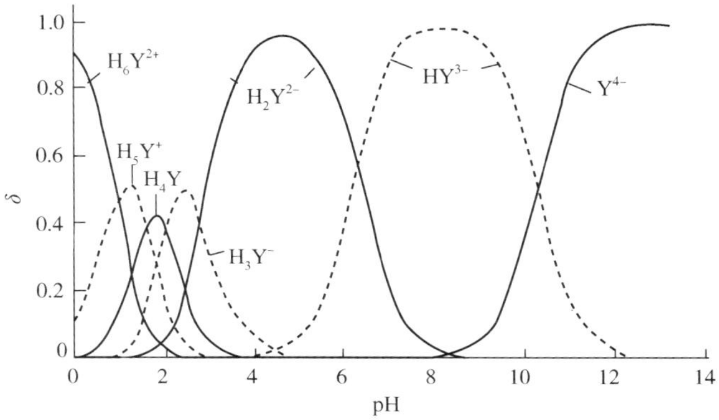

图 5-1 EDTA 溶液中各种存在形式的分布图

直接配位。Y 分布系数越大，即 EDTA 的配位能力越强，而 Y 分布系数的大小与溶液的 pH 密切相关。所以将 c_Y 称为 EDTA 的有效浓度。溶液碱性越强，pH 越大，c_Y 也越大，与金属离子的配合能力也越强。所以溶液的酸度便成为影响 EDTA 配合物稳定性及滴定终点敏锐性的一个很重要的因素。

二、EDTA 与金属离子配位反应的特点

1. 配位反应的广泛性

EDTA 能与大多数金属离子配位形成稳定的配合物，这就为配位滴定法测定各种金属离子提供了可能性。在元素周期表中，绝大多数金属离子都可以用配位滴定法进行直接或间接滴定。

2. 配位比简单

EDAT 的六个配位原子在空间位置上均能与同一金属离子结合，而大多数金属离子的配位数是 4 或 6，因此 EDTA 与金属离子配位一般都形成 1:1 的配合物，只有少数高价金属离子例外。

3. 配合物稳定性高

EDTA 与金属离子形成 3 个或 5 个五元稠环螯合物，根据螯合物的结构理论，五元稠环螯合物是最稳定的结构。EDTA 与金属离子形成螯合物的立体结构如图 5-2 所示。

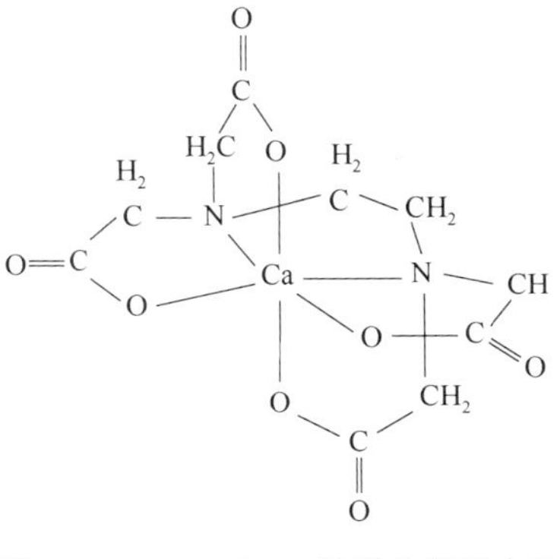

图 5-2 EDTA 与 Ca^{2+} 形成的螯合物

4. 配合物的颜色

EDTA 与无色金属离子配位，形成的配合物也无色；但 EDTA 与有色金属离子配位生成的螯合物颜色则加深。如表 5-2 所示。

表 5-2 几种有色 EDTA 螯合物

CuY^{2-}	NiY^{2-}	CoY^{2-}	MnY^{2-}	CrY^-	FeY^-	CoY^-
深蓝	蓝色	紫红	紫红	深紫	黄	玫瑰红

因此滴定这些离子时，要控制其浓度勿过大，否则，使用指示剂确定终点将发生困难。

三、配合物的稳定常数和条件稳定常数

在配位滴定中，被测金属离子 M 与 Y 的配位反应是主反应，而溶液中存在的 H^+、OH^-、缓冲剂、掩蔽剂、辅助配位剂及其他金属离子等都会与 M、Y 及 MY 发生其他反应，称为副反应(side reaction)，如下式：

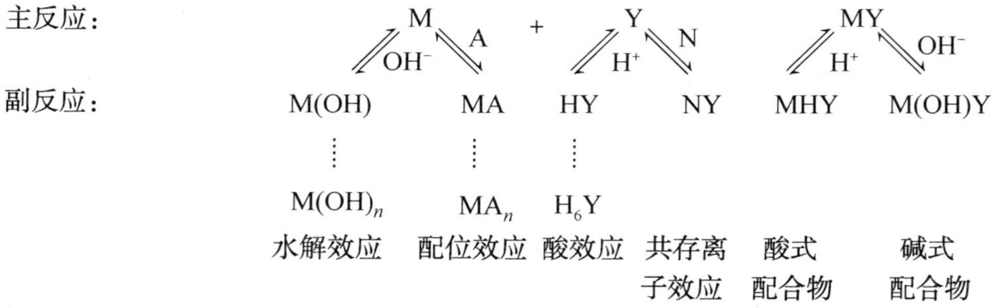

式中 A 为辅助配位剂，N 为共存离子。副反应影响主反应的现象称为“效应”。

因此，主反应的平衡常数表达式为：

$$K_{MY}=\frac{[MY]}{[M][Y]} \tag{5-1}$$

K_{MY}即为金属-EDTA 配合物的绝对稳定常数(formation constant，或称形成常数)，也可用 $K_{稳}$表示。对于具有相同配位数的配合物或配位离子，此值越大，配合物越稳定。K_{MY}稳定常数的倒数即为配合物的不稳定常数(instability constant，或称离解常数)。

$$K_{稳}=\frac{1}{K_{不稳}} \tag{5-2}$$

常见金属离子与 EDTA 形成的配合物 MY 的绝对稳定常数 K_{MY}见表 5-3(也可由相关的手册查到)。

表 5-3　部分金属-EDTA 配位化合物的 $\lg K_{稳}$

阳离子	$\lg K_{MY}$	阳离子	$\lg K_{MY}$	阳离子	$\lg K_{MY}$
Na^+	1.66	Ce^{4+}	15.98	Cu^{2+}	18.80
Li^+	2.79	Al^{3+}	16.3	Ga^{2+}	20.3
Ag^+	7.32	Co^{2+}	16.31	Ti^{3+}	21.3
Ba^{2+}	7.86	Pt^{2+}	16.31	Hg^{2+}	21.8
Mg^{2+}	8.69	Cd^{2+}	16.49	Sn^{2+}	22.1
Sr^{2+}	8.73	Zn^{2+}	16.50	Th^{4+}	23.2
Be^{2+}	9.20	Pb^{2+}	18.04	Cr^{3+}	23.4
Ca^{2+}	10.69	Y^{3+}	18.09	Fe^{3+}	25.1
Mn^{2+}	13.87	VO^+	18.1	U^{4+}	25.8
Fe^{2+}	14.33	Ni^{2+}	18.60	Bi^{3+}	27.94
La^{3+}	15.50	VO^{2+}	18.8	Co^{3+}	36.0

从表 5-3 中，显然看出，配位物的稳定性受两方面的影响：金属离子自身性质和外界条件，具有以下规律：

a. 碱金属离子的配合物最不稳定，$\lg K_{MY}^{\theta}<3$；

b. 碱土金属离子的 $\lg K_{MY}^{\theta}=8\sim11$；

c. 过渡金属、稀土金属离子和 Al^{3+} 的 $\lg K_{MY}^{\theta}=15\sim19$

d. 三价、四价金属离子及 Hg^{2+} 的 $\lg K_{MY}^{\theta}>20$。

需要指出的是：以上数据是指无副反应情况下的数据，它不能反映实际滴定过程中真实配合物的稳定状况。因为在实际反应中，由于 EDTA 或金属离子可能存在的一些副反应，所以配合物的平衡常数 K_{MY}^{θ} 不能真实反映主反应进行的程度。应该用未与滴定剂 Y^{4-} 配位的金属离子 M 的各种存在形体的总浓度 $c_{M'}$ 来代替 c_M，用未参与配位反应的 EDTA 各种存在型体的总浓度 $c_{Y'}$ 代替 c_Y，这样配合物的稳定性可表示为：

$$K_{MY}^{\theta'}=\frac{c_{MY}}{c_{M'}c_{Y'}}=\frac{c_{MY}}{\alpha_{M(L)}c_M\cdot\alpha_{Y(H)}c_Y}=\frac{K_{MY}^{\theta}}{\alpha_{M(L)}\alpha_{Y(H)}} \qquad (5-3)$$

即
$$\lg K_{MY}^{\theta'}=\lg K_{MY}^{\theta}-\lg\alpha_{M(L)}-\lg\alpha_{Y(H)} \qquad (5-4)$$

$K_{MY}^{\theta'}$ 称为配合物的条件稳定常数，它反映了实际反应中配合物的稳定性。

在配位平衡 $M+Y \rightleftharpoons MY$ 中，反应物（M、Y）发生的一些副反应则不利于主反应的进行，而生成物（MY）的各种副反应则有利于主反应的进行，但所生成的这些混合配合物大多数不稳定，可以忽略不计。以下主要讨论 H^+ 对反应物发生的副反应。

显然，增大 c_Y，可使得配位平衡向右移动；降低 c_Y，配位平衡向左移动，引起 MY 解离，使得 M 与 Y 的配位反应不完全。c_Y 与溶液的酸度有着密切的关系。这种由于 H^+ 与配位剂 Y 的副反应存在，使 Y 参与主反应能力降低的现象，称为配位剂的酸效应。酸效应的程度用酸效应系数来衡量，EDTA 的酸效应系数用符号 $\alpha_{Y(H)}$ 表示。

在配位滴定中，$\alpha_{Y(H)}$ 是很重要的数值，其变化范围很大，因此取其对数。表 5-4 列出不同 pH 的溶液中 EDTA 酸效应系数 $\lg\alpha_{Y(H)}$ 值。

表 5-4　不同 pH 时的 $\lg\alpha_{Y(H)}$ 表

pH	$\lg\alpha_{Y(H)}$	pH	$\lg\alpha_{Y(H)}$	pH	$\lg\alpha_{Y(H)}$
0.0	23.64	3.8	8.85	7.4	2.88
0.4	21.32	4.0	8.44	7.8	2.47
0.8	19.08	4.4	7.64	8.0	2.27
1.0	18.01	4.8	6.84	8.4	1.87
1.4	16.02	5.0	6.45	8.8	1.48
1.8	14.27	5.4	5.69	9.0	1.28
2.0	13.51	5.8	4.98	9.4	0.92
2.4	12.19	6.0	4.65	9.8	0.59
2.8	11.09	6.4	4.06	10.0	0.45
3.0	10.60	6.8	3.55	11.0	0.07
3.4	10.14	7.0	3.32	12.0	0.01

由表 5-4 可看出，仅当 pH≥12 时，$\alpha_{Y(H)}=1$，即此时 Y 才不与 H^+ 发生副反应。但是，溶液的 pH 增大，容易导致很多金属离子发生水解反应，产生氢氧化物沉淀，不利于配位滴定。所以，使用 EDTA 滴定每一种金属离子时，都必须控制在一定的 pH 范围内进行，当金

属离子与 EDTA 生成的配合物刚好能稳定存在时，溶液的 pH 称为最低 pH(也称为最高酸度)，金属离子即将发生水解时的溶液 pH 称为允许滴定的最高 pH(也称为最低酸度)。

综上所述，在实际配位滴定过程中，往往需要加入一定量的缓冲溶液，将溶液的 pH 控制在允许滴定的 pH 范围内。

第三节　金属指示剂

一、金属指示剂的作用原理及应具备的条件

配位滴定与其他滴定分析一样，要有适当方法确定终点。在配位滴定中，通常利用一种能与金属离子生成有色配合物的显色剂，来指示滴定过程中金属离子浓度的变化，这种显色剂称为金属离子指示剂，简称金属指示剂。

1. 金属指示剂的作用原理

金属指示剂本身是一种弱的配位剂，一般为有机染料，它能与金属离子配合，生成一种与染料本身颜色不同的配合物。配位滴定时，在被测金属离子 M 溶液中加入金属指示剂，先发生下列变化：

$$\underset{\text{颜色甲}}{M + In} \rightleftharpoons \underset{\text{颜色乙}}{MIn}$$

滴定过程中，EDTA 与游离金属离子配位，在化学计量点附近，M 浓度降得很低。加入的 EDTA 进而夺取 MIn 配合物中的 M，使 In 游离出来，溶液颜色由配合物 MIn 的颜色转变为指示剂本身的颜色，显示滴定终点到达，其反应如下：

$$\underset{\text{颜色乙}}{MIn + Y} \rightleftharpoons \underset{\text{颜色甲}}{In + MY}$$

2. 金属指示剂应具备的条件

(1) 金属指示剂与金属离子生成配合物的颜色应与指示剂本身的颜色有明显区别。金属指示剂大多是有机弱酸，不同型体有不同颜色，其颜色随溶液 pH 不同而变化。以铬黑 T 为例，当 pH<6.3 时，呈紫红色；pH 在 7~11 间，呈蓝色；pH>11 时，呈橙色；与金属离子反应生成的配合物为紫红色。为使终点变化明显，应控制溶液的 pH 在 7~11 范围内。实验时使用铬黑 T 的最佳酸度为 pH=9~10.5，终点时溶液由紫红色变为蓝色，

(2) 金属指示剂与金属配合物(MIn)的稳定性要适当。首先，MIn 应具有足够的稳定性($K_{MIn}>10^4$)，否则近计量点时 MIn 会发生解离，游离出指示剂 In，而使终点提前到达，并使终点颜色不敏锐；其次，MIn 比 MY 配合物的稳定性要小，一般为 $K_{MY}/K_{MIn}\geqslant 10^2$，否则近计量点时，Y 将难以从 MIn 中夺取 M，而使终点推迟，甚至不发生颜色改变。

二、使用金属指示剂中存在的问题

1. 指示剂的封闭现象

有的指示剂与某些金属离子生成很稳定的配合物(MIn)，其稳定性超过了相应的金属离子与 EDTA 的配合物(MY)，即 $\lg K_{MIn}>\lg K_{MY}$。例如 EBT 与 Al^{3+}、Fe^{3+}、Cu^{2+}、Ni^{2+}、Co^{2+}等生成的配合物非常稳定，若用 EDTA 滴定这些离子，过量较多的 EDTA 也无法将 EBT 从 MIn 中置换出来。因此滴定这些离子不用 EBT 作指示剂。如滴定 Mg^{2+}时有少量 Al^{3+}、Fe^{3+}杂质存

在，到化学计量点仍不能变色，这种现象称为指示剂的封闭现象。解决的办法是加入掩蔽剂，使干扰离子生成更稳定的配合物，从而不再与指示剂作用。Al^{3+}、Fe^{3+}对铬黑 T 的封闭可加三乙醇胺予以消除；Cu^{2+}、Co^{2+}、Ni^{2+}可用 KCN 掩蔽；Fe^{3+}也可先用抗坏血酸还原为Fe^{2+}，再加 KCN 掩蔽。若干扰离子的量太大，则需预先分离除去。

2. 指示剂的僵化现象

有些指示剂或金属指示剂配合物在水中的溶解度太小，使得滴定剂与金属指示剂配合物(MIn)交换缓慢，终点拖长，这种现象称为指示剂僵化。解决的办法是加入有机溶剂或加热，以增大其溶解度。例如用 1-(2-吡啶偶氮)-2-萘酚(PAN)作指示剂时，经常加入酒精或在加热下滴定。

3. 指示剂的氧化变质现象

金属指示剂大多为含双键的有色化合物，易被日光、氧化剂、空气所分解，在水溶液中多不稳定，日久会变质。若配成固体混合物则较稳定，保存时间较长。例如铬黑 T 和钙指示剂，常用固体 NaCl 或 KCl 作稀释剂来配制。

三、常用的金属指示剂

1. 铬黑 T

铬黑 T 简称 EBT，属于偶氮染料，化学名称是 1-(1-羟基-2-萘偶氮基)-6-硝基-2-萘酚-4-磺酸钠。铬黑 T 溶于水后，结合在磺酸根上的Na^+全部解离，以H_2In^-的形式存在于溶液中。由于两个酚羟基具有弱酸性，因此，在溶液中存在一系列解离平衡，且随溶液 pH 不同而呈现不同的颜色。在 pH 约为 10 的氨性缓冲溶液中，用 EDTA 直接滴定Mg^{2+}、Zn^{2+}、Cd^{2+}、Pb^{2+}和Hg^{2+}等离子时，铬黑 T 是良好的指示剂，其与金属离子形成紫红色的配合物，所以终点时溶液由紫红色变为蓝色。但Al^{3+}、Fe^{3+}、Co^{2+}、Ni^{2+}、Cu^{2+}和Ti^{4+}等对指示剂有封闭作用，Al^{3+}和Ti^{4+}可以用氰化物掩蔽，Fe^{3+}可用抗坏血酸还原掩蔽，Co^{2+}、Ni^{2+}、Cu^{2+}可以用邻二氮菲掩蔽，Cu^{2+}还可用硫化物形成沉淀掩蔽。

虽然铬黑 T 性质稳定，但由于其水溶液易发生聚合而变质，只能保存几天，尤其在酸性溶液中，聚合反应更为严重。所以，通常将固体铬黑 T 与干燥的纯 NaCl 按 1:100 的质量比混合研细，密闭保存在棕色瓶中备用。

2. 钙指示剂

钙指示剂简称 NN，化学名称是 1-(2-羟基-4-磺酸基-1-萘偶氮基)-2-羟基-3-萘甲酸。纯品为黑紫色粉末，其水溶液或乙醇溶液均不稳定，故一般取钙指示剂与干燥的纯 NaCl 按 1:100 或 1:200 配成固体试剂使用。

钙指示剂的 NaCl 水溶液在 $pH<8$ 或 $pH>13$ 时呈酒红色，在 $pH=12\sim13$ 呈蓝色。当使用的酸度范围为 $pH=12\sim13$ 时，钙指示剂与Ca^{2+}形成紫红色配合物，所以，用 EDTA 滴定Ca^{2+}达到终点时，溶液由紫红色变为蓝色，颜色变化敏锐。

钙指示剂受封闭的情况类似于铬黑 T，此时，可以用 KCN 和三乙醇胺联合掩蔽，消除指示剂的封闭现象。

3. 二甲酚橙

二甲酚橙简称 XO，化学名称是 3，3′-双[*N*，*N*′-二(羧甲基)氨甲基]邻甲酚磺酞。二甲酚橙为紫色结晶，易溶于水，有 6 级酸式解离。在 $pH>6.3$ 时，呈现红色；$pH<6.3$ 时，呈现黄色；二甲酚橙与金属离子形成的配合物都是红紫色，所以它只适用于在 $pH<6$ 的酸性

溶液中使用。通常将其配成0.5%的水溶液，大约可以保存2~3周。

许多金属离子，如 Zr^{2+}（pH<1）、Bi^{3+}（pH=1~2）、Th^{4+}（pH=2.5~3.5）、Pb^{2+}、Zn^{2+}、Cd^{2+}、Hg^{2+}（pH=5~6），以及稀土元素都可以用二甲酚橙作指示剂直接滴定，终点由紫红色转变为亮黄色。实验时，二甲酚橙常用于剩余滴定法中，终点时溶液的颜色由黄色变为紫红色。

有些金属离子，如 Al^{3+}、Fe^{3+}、Ni^{2+}、和 Cu^{2+} 等对二甲酚橙有封闭作用，在对这些离子进行滴定时，可以采用返滴定法，即先加入过量的EDTA，再用 Zn^{2+} 溶液返滴定。

当 Al^{3+}、Fe^{3+}、Ni^{2+}、和 Ti^{4+} 等离子对二甲酚橙产生封闭作用，干扰到其他离子测定时，应依据不同情况采用不同的方法消除干扰，其中 Fe^{3+} 和 Ti^{4+} 可以用抗坏血酸还原，Al^{3+} 可以用氟化物掩蔽，Ni^{2+} 可以用邻二氮菲掩蔽。

4. PAN

PAN，化学名称是1-(2-吡啶偶氮)-2-萘酚。PAN与 Cu^{2+} 的显色反应非常灵敏，但很多其他金属离子如 Ni^{2+}、Co^{2+}、Zn^{2+}、Pb^{2+}、Bi^{3+}、Ca^{2+} 等与PAN反应慢或显色灵敏度低。所以有时利用Cu-PAN作间接指示剂来测定这些金属离子。Cu-PAN指示剂是CuY和少量PAN的混合液。将此液加到含有被测金属离子M的试液中时，发生如下置换反应：

$$\underset{(黄)}{CuY}+PAN+M \rightleftharpoons MY+\underset{(紫红)}{Cu\text{-}PAN}$$

此时溶液呈现紫红色。当加入的EDTA定量与M反应后，在化学计量点附近EDTA将夺取Cu-PAN中的 Cu^{2+}，从而使PAN游离出来：

$$\underset{(紫红)}{Cu\text{-}PAN}+Y \rightleftharpoons CuY+\underset{(黄)}{PAN}$$

溶液由紫红变为黄色，指示终点到达。因滴定前加入的CuY与最后生成的CuY是相等的，故加入的CuY并不影响测定结果。

常用金属指示剂的使用pH条件、可直接滴定的金属离子和颜色变化及配制方法列于表5-5中。

表5-5 常用的金属指示剂

指示剂	离解常数	滴定元素	颜色变化	配制方法	对指示剂封闭离子
酸性铬蓝K	$pK_{a1}=6.7$ $pK_{a2}=10.2$ $pK_{a3}=14.6$	Mg(pH 10) Ca(pH 12)	红~蓝	0.1%乙醇溶液	
钙指示剂	$pK_{a2}=3.8$ $pK_{a3}=9.4$ $pK_{a4}=13\sim14$	Ca(pH 12~13)	酒红~蓝	与NaCl按1∶100的质量比混合	Co^{2+}、Ni^{2+}、Cu^{2+}、Fe^{3+}、Al^{3+}、Ti^{4+}
铬黑T	$pK_{a1}=3.9$ $pK_{a2}=6.4$ $pK=11.5$	Ca(pH 10，加入EDTA-Mg) Mg(pH 10) Pb(pH 10，加入酒石酸钾) Zn(pH 6.8~10)	红~蓝 红~蓝 红~蓝 红~蓝	与NaCl按1∶100的质量比混合	Co^{2+}、Ni^{2+}、Cu^{2+}、Fe^{3+}、Al^{3+}、Ti(Ⅳ)

续表

指示剂	离解常数	滴定元素	颜色变化	配制方法	对指示剂封闭离子
紫脲酸胺	$pK_{a1}=1.6$ $pK_{a2}=8.7$ $pK_{a3}=10.3$ $pK_{a4}=13.5$ $pK_{a5}=14$	Ca(pH>10，φ=25%乙醇) Cu(pH 7~8) Ni(pH 8.5~11.5)	红~紫 黄~紫 黄~紫红	与 NaCl 按 1∶100 的质量比混合	
o-PAN	$pK_{a2}=2.9$ $pK_{a2}=11.2$	Cu(pH 6) Zn(pH 5~7)	红~黄 粉红~黄	1g/L 乙醇溶液	
磺基水杨酸	$pK_{a1}=2.6$ $pK_{a2}=11.7$	Fe(Ⅲ) (pH 1.5~3)	红紫~黄	10~20g/L 水溶液	

四、滴定干扰的消除

EDTA 具有相当强的配位能力，能与大多数金属离子生成稳定的配合物。如果溶液中存在着多种金属离子，而要用 EDTA 溶液滴定其中的一种离子，其他离子的存在往往干扰比较大。许多情况下，干扰可通过以下几种方法加以消除。

1. 选择合适的酸度

用 EDTA 的标准溶液滴定金属离子时，与溶液的酸度有很大的关系。每种金属离子能准确滴定都有其最低酸度。当待测液中含有两种以上金属离子时，若每种离子与 EDTA 生成的配合物绝对稳定常数相差足够大，则只需要通过控制溶液的酸度，就能选择滴定其中某一离子，而另外的离子不会产生干扰。一般两种离子的 $\lg K^{\theta}_{MY}$ 相差 6 以上，就可以用控制酸度的方法来达到选择性测定某一离子的目的。

2. 使用掩蔽的方法

当混合离子体系中，不满足 $\lg K^{\theta}_{MY}$ 相差 6 以上，则不能用控制酸度的方法直接滴定其中一种离子。必须采取掩蔽或分离干扰离子后再进行滴定。按照所用反应类型不同，可分为：

（1）配位掩蔽法　利用掩蔽剂与干扰离子形成稳定配合物来降低干扰离子的浓度进而消除干扰的方法叫配位掩蔽法。这是用得最广泛的方法，例如，用 EDTA 测定水中的 Ca^{2+}、Mg^{2+} 时，Fe^{3+}、Al^{3+} 等离子的存在对测定有干扰，可加入三乙醇胺作为掩蔽剂，使 Fe^{3+}、Al^{3+} 与掩蔽剂生成配合物。此配合物比它们与 Y^{4-} 的配合物还要稳定，这样就可消除它们对 Ca^{2+}、Mg^{2+} 测定的干扰。

（2）氧化还原掩蔽法　利用氧化还原反应，来改变干扰离子的价态来降低干扰离子的浓度，以消除干扰的方法叫氧化还原掩蔽法。例如，用 EDTA 滴定 Zr^{4+}、Fe^{3+} 中的 Zr^{4+} 时，Fe^{3+} 对测定有干扰。加入抗坏血酸将 Fe^{3+} 还原成 Fe^{2+}，就可以消除 Fe^{3+} 干扰，因为 $\lg K^{\theta}_{FeY^-}=25.1$，$\lg K^{\theta}_{ZrY}=29.9$，$\lg K^{\theta}_{FeY^{2-}}=14.33$。

（3）沉淀掩蔽法　利用沉淀反应降低干扰离子浓度，以消除干扰的方法叫沉淀掩蔽法。例如，在 Ca^{2+}、Mg^{2+} 共存的溶液中，加入 NaOH，使溶液的 pH>12。此时 Mg^{2+} 形成 $Mg(OH)_2$ 沉淀，而不干扰 Ca^{2+} 的滴定。使用沉淀掩蔽法时，生成的沉淀溶解度要小，反应要完全；生成的沉淀应无色或浅色，最好是晶型沉淀，吸附作用小，否则会由于颜色深、表面积大，吸附被测离子而影响测定的准确度。

3. 预先分离干扰离子

当前面两种方法不能使用时，需要将干扰离子预先分离。例如磷矿物中一般含有 Ca^{2+}、Fe^{3+}、Mg^{2+}、Ca^{2+}、PO_4^{3-} 及 F^-。F^- 能与 Al^{3+} 生成配合物，会严重干扰 Al^{3+}、Ca^{2+} 的测定，在酸度较低时又能与 Ca^{2+} 生成 CaF_2 沉淀。通常在酸化和加热条件下使 F^- 生成 HF 挥发而消除干扰。

4. 解蔽法

当所掩蔽的离子不是干扰离子而是需要测定其含量的离子时，则在测定完其他离子含量后需要将其释放出来，再用标准溶液测定其含量。所谓解蔽就是指通过加入某种试剂使被掩蔽离子重新释放出来的过程。例如 Zn^{2+}、Mg^{2+} 共存时，可在 pH = 10 的缓冲溶液中加入氰化钾，使 Zn^{2+} 形成 $[Zn(CN)_4]^{2-}$ 配离子而被掩蔽。先用 EDTA 单独滴定 Mg^{2+}。然后在滴定 Mg^{2+} 的溶液过程中加入甲醛溶液，以破坏 $[Zn(CN)_4]^{2-}$ 配离子，使 Zn^{2+} 释放出来而解蔽。其反应如下：

$$[Zn(CN)_4]^{2-} + 4HCHO + 4H_2O = Zn^{2+} + 4HOCH_2CN + 4OH^-$$

反应中释放出来的 Zn^{2+}，可用 EDTA 继续滴定。这里 KCN 是 Zn^{2+} 的掩蔽剂，HCHO 是一种解蔽剂。

第四节　EDTA 标准溶液的配制和标定

一、0.05mol/L EDTA 标准溶液的配制

EDTA 标准溶液通常是用 EDTA 的二钠盐（$Na_2H_2Y \cdot 2H_2O$）进行配制，其水溶液也称 EDTA 标准溶液。通常采用间接法配制，EDTA 二钠盐（$Na_2H_2Y \cdot 2H_2O$）的摩尔质量为 372.26g/mol，称取 $Na_2H_2Y \cdot 2H_2O$ 固体 19g，溶于约 300mL 温纯化水中，冷却后稀释至 1L，混匀并贮存于硬质玻璃瓶中，待准确标定。

二、0.05mol/L EDTA 标准溶液的标定

标定 EDTA 的标准溶液的基准物质很多，纯金属有 Zn、Bi、Cu、Ni 等。另外还有许多金属氧化物或者无机盐，如 ZnO、$ZnSO_4$、$CaCO_3$ 等。现在以 ZnO 为例，说明标定方法。

精密称取在 800℃ 灼烧至恒重的 ZnO 约 0.10g，加稀 HCl 3mL 使之溶解，加纯化水 25mL 及甲基红指示剂 1 滴，滴加氨试液至溶液呈微黄色，再加纯水 25mL、$NH_3 \cdot H_2O-NH_4Cl$ 缓冲溶液 10mL、铬黑 T 指示剂数滴，用 EDTA 标准溶液滴定至溶液由紫红色变为纯蓝色即为终点。平行测定 3 次，正确记录试验数据并进行结果分析。

按照下式计算 EDTA 标准溶液的浓度：

$$c_{EDTA} = \frac{m_{ZnO} \times 10^3}{M_{ZnO} \times V_{EDTA}}$$

例 1　称取 0.0897g 纯 ZnO，加稀 HCl 溶解后，在 pH>12 时，用铬黑 T 指示剂指示终点，用 EDTA 标准溶液滴定，用去 21.90mL，试计算 EDTA 标准溶液的浓度。

解：已知 $m_{ZnO} = 0.0897g$，$V_{EDTA} = 21.90mL$，$M_{ZnO} = 81.38g/mol$

$$c_{EDTA} = \frac{m_{ZnO} \times 10^3}{M_{ZnO} \times V_{EDTA}} = \frac{0.0897 \times 10^3}{81.38 \times 21.90} = 0.05033mol/L$$

第五节　配位滴定法应用

配位滴定法广泛应用于食品、冶金、地质、医药学检验、药学分析和环境卫生中，如在食品中钙含量测定，医学检验中血清钙、胸水腹水中钙镁离子含量的测定，在药物分析中氢氧化铝、硫酸锌、葡萄糖酸钙、磺胺嘧啶锌等药物含量的测定。下面介绍几个应用实例。

一、水的总硬度测定

含有较多钙、镁离子的水称为硬水，水的硬度取决于水中 Ca^{2+}、Mg^{2+}的含量。水的总硬度有多种表示方法，除了自来水水质国家标准外，《中华人民共和国药典》(2010 年版，二部)也规定，以每升水中所含 Ca^{2+}、Mg^{2+}总量折算成 $CaCO_3$的质量表示，单位 mg/L。如每升水中含 1mg $CaCO_3$时，则水的总硬度为 1mg/L。

(1) 水的总硬度测定　取一定量水样，用 $NH_3 \cdot H_2O-NH_4Cl$ 缓冲溶液调节 pH 为 10，以铬黑 T 作指示剂，用 EDTA 标准溶液滴定至溶液由紫红色变为纯蓝色即为终点。

按照下式计算水的总硬度：

$$\rho_{CaCO_3}=\frac{c_{EDTA}\times V_{EDTA}\times M_{CaCO_3}}{V_{水}}$$

(2) 钙镁离子含量的分别测定　分别测定钙镁离子含量，一般是先在 pH 为 10 的氨性溶液中，以铬黑 T 为指示剂，用 EDTA 标准溶液滴定 Ca^{2+}、Mg^{2+}总量，然后另取试样，加入 NaOH 溶液使 pH>12，这时 Mg^{2+}沉淀为 $Mg(OH)_2$被掩蔽，以钙指示剂为指示剂，用 EDTA 标准溶液滴定 Ca^{2+}含量，从 Ca^{2+}、Mg^{2+}总量中减去 Ca^{2+}的量，可以求得 Mg^{2+}的含量。

$$c_{Ca^{2+}}=\frac{c_{EDTA}\times V_{EDTA(Ca)}\times M_{Ca}}{V_{水}}$$

$$c_{Mg^{2+}}=\frac{c_{EDTA}\times (V_{EDTA(总)}-V_{EDTA(Ca)})\times M_{Mg}}{V_{水}}$$

例 2　取 100.0mL 水样，加铬黑 T 指示剂，用 0.01004mol/L EDTA 标准溶液滴至终点，用去 19.55mL；取 100.0mL 水样，加入 4mL 10% NaOH 溶液和钙指示剂，用 0.01004mol/L EDTA 标准溶液滴至终点，用去 13.80mL；求水样中的总硬度及 Ca^{2+}、Mg^{2+}的浓度，用 mg/L 表示。

解：已知 $c_{EDTA}=0.01004mol/L$，$V_{EDTA(总)}=19.55mL$，$V_{EDTA(Ca)}=13.80mL$，$M_{CaCO_3}=100.09g/mol$，$M_{Ca}=40.08g/mol$，$M_{Mg}=24.30g/mol$

$$\rho_{CaCO_3}=\frac{c_{EDTA}\times V_{EDTA}\times M_{CaCO_3}}{V_{水}}=\frac{0.01004\times 19.55\times 100.09}{100.0\times 10^{-3}}=196.4mg/L$$

$$c_{Ca^{2+}}=\frac{c_{EDTA}\times V_{EDTA(Ca)}\times M_{Ca}}{V_{水}}=\frac{0.01004\times 13.80\times 40.08}{100.0\times 10^{-3}}=55.53mg/L$$

$$c_{Mg^{2+}}=\frac{c_{EDTA}\times (V_{EDTA(总)}-V_{EDTA(Ca)})\times M_{Mg}}{V_{水}}=\frac{0.01004\times (19.55-13.80)\times 24.30}{100.0\times 10^{-3}}=14.03mg/L$$

二、氯化钙注射液含量的测定

在药物分析中，直接法可以用于测定符合配位滴定分析要求的金属盐类药物(如钙盐、镁盐、锌盐等)的含量。现在以氯化钙注射液的含量测定为例进行说明。

钙离子在碱性溶液中能与 EDTA 生成稳定的配合物，可以钙指示剂指示终点，用 EDTA 标准溶液测定氯化钙注射液的含量。

精密量取氯化钙注射液 10mL(约相当于氯化钙 0.15g)置于锥形瓶中，加纯化水 100mL、1mol/L 的氢氧化钠溶液 15mL、钙指示剂 0.1g，用 EDTA 标准溶液(0.05mol/L)滴定至溶液由紫红色变为纯蓝色即为终点。

按下式计算样品氯化钙($CaCl_2 \cdot 2H_2O$)的含量(mg/mL)：

$$X_{CaCl_2 \cdot 2H_2O} = \frac{c_{EDTA} \times V_{EDTA} \times M_{CaCl_2 \cdot 2H_2O}}{V_s}$$

三、药用硫酸镁的含量测定

在 pH≈10 的溶液中，铬黑 T 能与硫酸镁解离出的 Mg^{2+} 形成比较稳定的酒红色螯合物(Mg-EBT)，而 EDTA 与 Mg^{2+} 能形成更为稳定的无色螯合物。因此，可用 EDTA 标准溶液测定药用硫酸镁的含量。滴定时调节溶液的 pH=9~10.5，终点时，EDTA 将 EBT 从 Mg-EBT 中置换出来，使溶液呈现蓝色。

精确称取硫酸镁试样 1g(精确到±0.0001g)，加适量的纯化水溶解后定量转移至 100mL 容量瓶中，加纯化水稀释至刻度线，摇匀。用移液管移取 25.00mL 溶液于 250mL 的锥形瓶中，加 50mL 的纯化水、10mL $NH_3 \cdot H_2O-NH_4Cl$ 缓冲溶液，铬黑 T 少许，用 EDTA 标准溶液滴定至溶液由酒红色变为纯蓝色即为终点。

按照下式计算硫酸镁的含量：

$$X_{MgSO_4 \cdot 7H_2O} = \frac{c_{EDTA} \times V_{EDTA} \times M_{MgSO_4 \cdot 7H_2O} \times 10^{-3}}{m_s \times \frac{25.00}{250.0}} \times 100\%$$

同步测试

一、名词解释

1. 封闭效应　2. 水的总硬度　3. 配位标准溶液　4. 金属指示剂

二、单项选择题

1. EDTA 配位的有效浓度 c_Y 与酸度有关，它随着溶液 pH 增大而(　　)。

A. 增大　B. 减小　C. 先增大后减小　D. 先减小后增大

2. 用 EDTA 标准溶液测定 Ca^{2+} 时，消除 Mg^{2+} 干扰的最简便的方法是(　　)。

A. 控制酸度法　B. 配位掩蔽法　C. 氧化还原掩蔽法　D. 沉淀掩蔽法

3. EDTA 与金属离子形成配合物时，其配位比一般为(　　)。

A. 1∶1　B. 1∶2　C. 1∶4　D. 1∶5

4. 用 EDTA 标准溶液滴定下列离子时，能采用直接滴定方式的是(　　)。

A. SO_4^{2-}　B. Al^{3+}　C. K^+　D. Ca^{2+}

5. 配离子与外界离子之间相结合的化学键是(　　)。

A. 离子键　　B. 极性共价键　　C. 非极性共价键　　D. 配位键

6. 可用控制酸度的方法分别滴定的一组金属离子是(　　)。

A. Ca^{2+}和Mg^{2+}　　B. Al^{3+}和Zn^{2+}　　C. Cu^{2+}和Zn^{2+}　　D. Pb^{2+}和Mg^{2+}

7. EDTA 与金属离子生成的配合物刚好能稳定存在时溶液的酸度称为(　　)。

A. 最佳酸度　　B. 最低酸度　　C. 最高酸度　　D. 最适宜酸度

8. 铬黑 T 指示剂在水中的颜色是(　　)。

A. 红色　　B. 蓝色　　C. 酒红色　　D. 无色

9. 配位滴定中，使用金属指示剂二甲酚橙，要求溶液的酸度条件是(　　)。

A. $pH = 6.3 \sim 11.6$　　B. $pH = 6.0$　　C. $pH > 6.0$　　D. $pH < 6.0$

10. 用 EDTA 配位滴定法测定Mg^{2+}含量，以 EBT 为指示剂，指示终点的物质是(　　)。

A. Mg-EDTA　　B. EBT　　C. Mg-EBT　　D. Mg^{2+}

11. 下列关于水的硬度的叙述错误的是(　　)。

A. 水的硬度可用每升水中所含$CaCO_3$毫克数来表示

B. 水的硬度是指水中Ca^{2+}、Mg^{2+}总量

C. 水的总硬度常用的测定方法是 EDTA 配位滴定法

D. 测定水的总硬度时，使用钙指示剂指示滴定终点

三、填空题

1. 由于某些金属离子的存在，导致加入过量的 EDTA 标准溶液，指示剂也无法指示终点的现象称为__________。故被滴定溶液中应事先加入__________，以克服这些金属离子的干扰。

2. EDTA 的化学名称为__________，当溶液酸度较高时，可作__________元酸，有__________种存在形式，EDTA 与金属离子配位时，一分子的 EDTA 可提供__________个配位原子。

3. 测定Ca^{2+}、Mg^{2+}共存的硬水中两种组分的含量，其方法是在 pH =__________时，用 EDTA 标准溶液测得__________的含量。另取同体积的硬水加入__________，使Mg^{2+}成为__________，再用 EDTA 标准溶液测得__________的含量。

四、简答题

1. 配制 EDTA 标准溶液为何用的是 EDTA 的二钠盐?

2. 金属指示剂的作用原理是什么？它应具备哪些条件?

五、计算题

1. 称取 0.1005g 纯$CaCO_3$，加稀盐酸溶解后，用容量瓶配成 100mL 溶液。吸取 25.00mL，在 $pH>2$ 时，用钙指示剂指示终点，用 EDTA 标准溶液滴定，用去 24.90mL，试计算 EDTA 标准溶液的物质的量浓度。

2. 称取葡萄糖酸钙试样 0.5500g，溶解后，在 $pH = 10$ 的氨性缓冲溶液中用 EDTA 滴定(EBT 为指示剂)，滴定消耗浓度为 0.04985mol/L 的 EDTA 液 24.50mL，试计算葡萄糖酸钙(分子式 $C_{12}H_{22}O_{14}Ca \cdot H_2O$)的含量。

3. 取 100mL 水样，用氨性缓冲液调节至 $pH = 10$，以 EBT 为指示剂，用 EDTA 滴定液

(0.008826mol/L)滴定至终点，共消耗 12.58mL，计算水的总硬度。如果将上述水样再取 100mL，用 NaOH 调节 pH=12.5，加入钙指示剂，用上述 EDTA 标准溶液滴定至终点，消耗 10.11mL，试分别求出水样中 Ca^{2+} 和 Mg^{2+} 的量。

4. 用配位滴定法测定氯化氢($ZnCl_2$)的含量。称取 0.2500g 试样，溶于水后，稀释至 250mL，吸取 25.00mL，在 pH=5~6 时，用二甲酚橙作指示剂，用 0.01024mol/L EDTA 标准溶液滴定，用去 17.61mL，试计算试样中 $ZnCl_2$ 的质量分数。(氯化锌相对分子质量：136.30)

第六章　氧化还原滴定法

【学习目标】

1. 熟悉高锰酸钾法、碘量法、重铬酸钾法的原理和滴定条件。

2. 掌握高锰酸钾标准溶液、碘标准溶液、硫代硫酸钠标准溶液的配制和标定方法，以及重铬酸钾标准溶液的配制。

3. 掌握运用高锰酸钾法、碘量法、重铬酸钾法进行样品中含量的测定和有关计算。

【本章重点】

高锰酸钾法、碘量法、重铬酸钾法的原理、滴定条件及标准溶液的配制和标定。

【本章难点】

高锰酸钾法、碘量法的实例应用。

【项目导入】

医用双氧水，即过氧化氢，俗称双氧水，可杀灭肠道致病菌、化脓性球菌，一般用于物体表面消毒。双氧水具有氧化作用，当医用双氧水浓度等于或低于3%，擦拭到创伤面，会有灼烧感，表面被氧化成白色，用清水清洗一下就可以了，过3～5min就恢复原来的肤色。使用双氧水消毒的时候会有白色的小气泡产生，是因为双氧水遇见手指上灰尘、脏物也会分解，分解生成水、氧气。所以开封后的双氧水浓度会有变化，那怎么来检测双氧水实际过氧化氢的含量呢？

第一节　概　　述

氧化还原滴定法是以氧化还原反应为基础的滴定分析方法，在食品、药品、医学检验中有着广泛的应用。例如，食品中的维生素C、二氧化硫、消毒防腐的苯酚、消毒灭菌的过氧化氢、抗菌类药物磺胺嘧啶、抗贫血药物硫酸亚铁、药物制剂中具有抗氧化作用的焦硫酸钠、解热镇痛药物安乃近等含量均可采用氧化还原滴定法进行测定。

氧化还原滴定法的特点：

① 氧化还原反应基于电子转移，机理复杂，反应往往是分步进行的，还常伴有各种副反应发生，使反应物之间没有确定的计量关系，产物受介质的影响。

② 应用范围非常广泛，可以直接或间接地测定多种具有氧化性或还原性的物质。

③ 可用的滴定剂多。如高锰酸钾法、重铬酸钾法、碘量法、亚硝酸钠法、溴量法、铈量法等。本章主要介绍高锰酸钾法和碘量法。

在氧化还原滴定法中，可以用电位法来指示终点，但更常用指示剂指示终点。氧化还原滴定法中使用的指示剂有以下几种类型。

1. 自身指示剂

在氧化还原滴定中，有些标准溶液或被测物本身具有颜色，而滴定产物为无色或颜色很浅，滴定时无需另加指示剂，溶液本身颜色的变化就起着指示剂的作用，这叫自身指示剂。例如：在高锰酸钾法滴定中，可利用稍过量的高锰酸钾自身的淡红色来指示滴定终点。

2. 氧化还原指示剂

氧化还原指示剂(表 6-1)是指在滴定过程中本身发生氧化还原反应的指示剂。指示剂的氧化态和还原态具有不同的颜色，在滴定过程中，指示剂由氧化态变为还原态，或由还原态变为氧化态，根据颜色的突变来指示滴定终点。

表 6-1 常见的氧化还原指示剂

指示剂	E^{θ}	颜色变化		指示剂溶液
		氧化态	还原态	
次甲基蓝	0.36	蓝	无色	0.05%的水溶液
甲基蓝	0.53	蓝紫	无色	0.05%的水溶液
二苯胺	0.76	紫	无色	0.1%浓 H_2SO_4溶液
二苯胺磺酸钠	0.85	紫红	无色	0.05%的水溶液
邻二氮菲亚铁	1.06	浅蓝	红色	0.025mol/L 水溶液
邻苯氨基苯甲酸	1.08	紫红	无色	0.1%Na_2CO_3溶液
硝基邻二氮菲亚铁	1.25	浅蓝	紫红	0.025mol/L 水溶液

3. 专属指示剂

有的物质本身不参与氧化还原反应，但它能与氧化剂或还原剂作用产生特殊的颜色，因而可指示终点。这种物质称为特殊指示剂或专属指示剂。例如可溶性淀粉溶液，能与I_2生成深蓝色的吸附化合物，当I_2被还原为I^-时，蓝色立即消失。当I_2溶液的浓度为1×10^{-5}mol/L时，可看到蓝色出现。因此在碘量法中常用淀粉为指示剂，根据蓝色的出现或消失指示终点。

第二节 高锰酸钾法

一、基本原理

高锰酸钾法是在强酸性溶液中，以高锰酸钾为标准溶液，直接或间接测定还原性或氧化性物质含量的氧化还原滴定法。其氧化能力强，是常用的氧化剂，滴定时无需另加指示剂，可直接滴定 Fe^{2+}、As^{3+}、Sb^{3+}、H_2O_2、$C_2O_4^{2-}$、NO_2^-以及其他具有还原性的物质；也可以利用间接法测定能与 $C_2O_4^{2-}$定量沉淀为草酸盐的金属离子(如 Ca^{2+}、Ba^{2+}、Pb^{2+}以及稀土离子等)；还可以利用返滴定法测定一些不能直接滴定的氧化性和还原性物质(如 MnO_2、PbO_2、SO_3^{2-}和 HCHO 等)。

$KMnO_4$的氧化能力及还原产物随溶液的酸碱性不同而有所差异，酸性越强，氧化能力越强。在强酸性溶液中 MnO_4^-被还原为 Mn^{2+}，生成的 Mn^{2+}能加快反应速率。

所以，$KMnO_4$滴定法常以稀 H_2SO_4调节溶液的强酸性，酸度一般控制在 1～2mol/L。滴定时以 $KMnO_4$溶液自身的颜色指示终点(自身指示剂法)，终点时溶液为淡红色，且 30s 内不褪色即为终点。

二、$KMnO_4$标准溶液的配制和标定

1. 0. 02mol/L $KMnO_4$标准溶液的配制

市售的高锰酸钾含有少量二氧化锰、硫酸盐、氯化物、硝酸银等杂质，它们会加快高锰酸钾的分解，纯化水中也常含有微量的还原性物质，它们也能还原高锰酸钾。高锰酸钾还能自行分解，见光分解得更快。所以高锰酸钾溶液不能用直接配制法，先配制近似浓度的，然后再标定。

在台秤上称取 3. 2g 固体 $KMnO_4$ 置于烧杯中，加纯化水 1000mL，搅拌溶解，煮沸 15min，冷却后置于棕色试剂瓶中，放暗处静置 2 日以上，用砂芯玻璃漏斗过滤。

2. 0. 02mol/L $KMnO_4$标准溶液的标定

$KMnO_4$溶液可用还原剂作基准物质来标定，常用的基准物质有 $H_2C_2O_4 \cdot 2H_2O$、$Na_2C_2O_4$、As_2O_3、纯铁丝等，其中，最常用的是 $Na_2C_2O_4$，因为它易提纯，稳定，不含结晶水，不吸水，在 105~110℃烘干 2h，放入干燥器中冷却后，即可使用。

准确称取 0. 10g 于 105~110℃ 烘箱中干燥至恒重的基准物质 $Na_2C_2O_4$，于 250mL 锥形瓶中，以 15mL H_2SO_4溶液溶解，加入纯化水 20mL，在水浴中加热至 75~80℃，立即用配制好的 $KMnO_4$溶液滴定至粉红色，并保存 30s 不褪色为终点，记下消耗的 $KMnO_4$溶液的体积，平行测定 3 次。

按下式计算 $KMnO_4$标准溶液的浓度：

$$c_{KMnO_4} = \frac{2}{5} \times \frac{m_{Na_2C_2O_4} \times 10^3}{M_{Na_2C_2O_4} \times V_{KMnO_4}}$$

例 1 标定高锰酸钾溶液时，准确称取 0. 1220g $Na_2C_2O_4$于锥形瓶中，加入 30mL 纯化水溶解，将 10mL 3mol/L 的 H_2SO_4溶液加热至 75~80℃，趁热用待标定的 $KMnO_4$溶液滴定至粉红色，30s 不褪色为终点，消耗 $KMnO_4$溶液 18. 10mL，计算 $KMnO_4$溶液的准确浓度。

解：已知 $m_{Na_2C_2O_4} = 0.1220g$，$V_{KMnO_4} = 18.10mL$，$M_{Na_2C_2O_4} = 134.0g/mol$

$$c_{KMnO_4} = \frac{2}{5} \times \frac{m_{Na_2C_2O_4} \times 10^3}{M_{Na_2C_2O_4} \times V_{KMnO_4}}$$

$$= \frac{2}{5} \times \frac{0.1220 \times 10^3}{134.0 \times 18.10} = 0.02012mol/L$$

三、应用与实例

$KMnO_4$滴定法的应用非常广泛，在酸性溶液中可用 $KMnO_4$标准溶液直接测定还原性物质的含量。例如，消毒灭菌的过氧化氢，治疗贫血的药物硫酸亚铁，补钙制剂中的钙，其含量均可用 $KMnO_4$滴定法进行测定。

（一）双氧水含量测定

可用直接滴定法测定 H_2O_2的含量，$KMnO_4$作标准溶液，在酸性溶液中的反应方程式为：

$$5H_2O_2 + 2MnO_4^{2-} + 6H^+ \longrightarrow 5O_2 \uparrow + 2Mn^{2+} + H_2O$$

操作步骤：

用吸量管吸取 1. 00mL H_2O_2样品，置于 100mL 容量瓶中，加水稀释至刻度，摇匀。吸取 25. 00mL 的 H_2O_2稀释液三份，分别置于三个 250mL 锥形瓶中，各加 3mol/L H_2SO_4溶液 5mL，

用 0.02mol/L $KMnO_4$标准溶液滴定至终点。通过下式计算未经稀释样品中 H_2O_2的含量。

$$w_{H_2O_2} = \frac{5}{2} \times \frac{c_{KMnO_4} \times V_{KMnO_4} \times M_{H_2O_2} \times 10^{-3}}{m_s \times \frac{25.00}{250.0}} \times 100\%$$

$$= \frac{5}{2} \times \frac{0.02012 \times 17.30 \times 34.01 \times 10^{-3}}{1.00 \times 1.010 \times \frac{25.00}{250.0}} \times 100\%$$

$$= 29.30\%$$

例 2 准确吸取 1.00mL 市售双氧水，定容至 250.0mL，从中准确吸取 25.00mL 于锥形瓶中，加入 25mL 水混匀，用 0.02012mol/L 的 $KMnO_4$标准溶液滴定，到达终点时消耗标准溶液 17.30mL，已知双氧水的密度为 1.010g/mL，求双氧水中 H_2O_2的百分含量。

解：已知 $V_s = 1.00$mL，$c_{KMnO_4} = 0.02012$mol/L，$V_{KMnO_4} = 17.30$mL，$\rho_{H_2O_2} = 1.010$g/mL，$M_{H_2O_2} = 34.01$g/mol

$$w_{H_2O_2} = \frac{5}{2} \times \frac{c_{KMnO_4} \times V_{KMnO_4} \times M_{H_2O_2} \times 10^{-3}}{m_s \times \frac{25.00}{250.0}} \times 100\%$$

$$= \frac{5}{2} \times \frac{0.02012 \times 17.30 \times 34.01 \times 10^{-3}}{1.00 \times 1.010 \times \frac{25.00}{250.0}} \times 100\%$$

$$= 29.30\%$$

（二）补钙制剂中 Ca^{2+}含量

样品中加入一定体积过量的 $Na_2C_2O_4$溶液，将 Ca^{2+}沉淀为 CaC_2O_4，过滤洗涤后，加稀 H_2SO_4溶解 CaC_2O_4沉淀，然后用 $KMnO_4$标准溶液滴定溶解后的 $C_2O_4^{2-}$，根据 $KMnO_4$标准溶液用去的体积可求出补钙剂中 Ca^{2+}的含量。

（三）硫酸亚铁含量测定

硫酸亚铁通常含有 7 个结晶水，$FeSO_4 \cdot 7H_2O$ 呈绿色，俗称绿矾，在医药上常制成片剂或糖浆，用于治疗缺铁性贫血，此外，还可用于制造墨水和颜料。$FeSO_4$中 Fe 元素的化合价是+2 价，可在酸性条件下用 $KMnO_4$标准溶液直接测定其含量。

（四）化学耗氧量（COD）的测定

$KMnO_4$法常用于水污染或卫生检验中化学耗氧量（COD）等物质的测定。

化学耗氧量（COD）：在一定条件下，用化学氧化剂处理水样时所消耗的氧化剂的量，是水质污染程度的一个重要指标。待测物是水样中还原性物质（主要是有机物），用 $KMnO_4$ 作标准溶液，用 H_2SO_4调节酸性环境。根据 $KMnO_4$标准溶液用去的体积可求出 COD 的含量。

第三节　碘量法

一、基本原理

碘量法是基于 I_2的氧化性和 I^-的还原性进行测定的氧化还原滴定法。反应式：

$$I_2+2e \longrightarrow 2I^-$$

I_2在水中的溶解度很小，且容易挥发。通常将I_2溶解在KI溶液中，此时I^-与I_2结合为I_3^-配离子，溶解度增大。I_2是较弱的氧化剂，能与较强的还原剂作用；I^-是中等强度的还原剂，能与许多氧化剂作用。故碘量法可以分为直接碘量法和间接碘量法。

直接碘量法：直接用碘标准溶液滴定S^{2-}、SO_3^{2-}、AsO_3^{3-}、Sn^{2+}、$S_2O_3^{2-}$等还原性较强的物质，如亚硫酸盐、硫代硫酸银、维生素C、安乃近等。直接碘量法的滴定条件是在酸性、中性或弱碱性溶液中进行，不能在强碱溶液中进行，若溶液pH>9，则部分I_2会发生歧化反应。

直接碘量法以淀粉作指示剂，达到滴定终点时，溶液由无色变为蓝色。

间接碘量法：利用I^-的还原性，将氧化性物质还原，析出相当物质的量的I_2，再用$Na_2S_2O_3$标准溶液滴定析出的I_2，这种方法称为置换滴定。另外，有些还原性物质可与过量I_2的标准溶液反应，待反应完全后，用$Na_2S_2O_3$标准溶液返滴定剩余的I_2，这种方法称为返滴定。置换滴定和返滴定统称间接滴定法。置换滴定可以测氧化性物质，返滴定可以测还原性物质，因此间接碘量法应用广泛。

$$I_2+2Na_2S_2O_3 \longrightarrow 2NaI+Na_2S_4O_6$$

此反应需在中性或微酸性溶液中进行。用淀粉作指示剂，达到滴定终点时，溶液由蓝色变为无色。但I_2具有挥发性，易挥发而损失，且酸性溶液中，I^-易被空气中的氧所氧化，这是间接碘量法误差的主要来源，为此，应采取适当措施减少这种误差。

防止挥发的方法是：

① 加入过量的KI，使I_2生成难挥发的I_3^-。

② 避免加热，高温时碘更易挥发，所以滴定在室温下进行。

③ 使用碘瓶，快滴慢摇。

防止被空气氧化的方法是：

① 反应在暗处进行，避免日光照射，因为日光能加速O_2对I^-的氧化。

② 控制溶液酸度。尽量降低溶液酸度，因为酸度过高，会增加O_2氧化I^-的速率。

③ 密塞放置。

④ 析出I_2的反应完全后，应立即用$Na_2S_2O_3$标准溶液快滴慢摇，以减少I^-与空气的接触。

二、标准溶液的配制和标定

碘量法所用的标准溶液有$Na_2S_2O_3$和I_2两种。

1. 0.1mol/L $Na_2S_2O_3$溶液的配制和标定

(1) 0.1mol/L $Na_2S_2O_3$溶液的配制　$Na_2S_2O_3 \cdot 5H_2O$为无色晶体，含有少量的S、Na_2SO_3、Na_2SO_4等杂质，因此不能用直接法配制标准溶液。因为水中的微生物、二氧化碳、空气中的氧气均可使$Na_2S_2O_3$分解且析出单质硫，故新配制的$Na_2S_2O_3$溶液不稳定。日光也能促使$Na_2S_2O_3$溶液分解。因此，配制$Na_2S_2O_3$溶液时，应用新煮沸并冷却的纯化水，并加入少量的Na_2CO_3使溶液呈称碱性，以除去O_2、CO_2，杀死水中的微生物。

现以配制0.1mol/L $Na_2S_2O_3$溶液500mL为例说明其配制方法。

在台秤上称取新配制的$Na_2S_2O_3 \cdot 5H_2O$晶体13g于500mL烧杯中，加入300mL新煮沸并冷却的纯化水，待完全溶解后，加入 0.1g Na_2CO_3固体，然后用新煮沸已冷却的纯化水稀释至 500mL，贮于棕色瓶中，放置暗处 7～10 天，待其稳定后再进行标定，但不宜长期保存。

（2）0.1mol/L $Na_2S_2O_3$溶液的标定　标定 $Na_2S_2O_3$溶液的基准物质很多，有 I_2、$K_2Cr_2O_7$、KIO_3、$KBrO_3$等，但最常用的是 $K_2Cr_2O_7$，因为 $K_2Cr_2O_7$性质稳定且易于精制，其在酸性溶液中和碘化钾作用生成定量的碘，再用 $Na_2S_2O_3$标准溶液测定生成的 I_2，即可算出 $Na_2S_2O_3$溶液的浓度。标定反应为：

$$K_2Cr_2O_7+6KI+14HCl \longrightarrow 8KCl+2CrCl_3+3I_2+7H_2O$$

$$I_2+2Na_2S_2O_3 \longrightarrow Na_2S_4O_6+2NaI$$

标定方法：准确称取干燥至恒重的基准 $K_2Cr_2O_7$约 0.15g，置碘量瓶中，加适量纯化水溶解，加 KI 2.0g 和 3mol/L 的 $H_2SO_4$10mL，摇匀，密塞，暗处放置 10min 后，加入 100mL 纯化水稀释，用待标定的硫代硫酸钠滴定至近终点（浅黄绿色）时，加淀粉指示剂 1mL，继续滴定至蓝色消失而显亮绿色为终点。平行测定 3 次，按下式计算 $Na_2S_2O_3$溶液的浓度：

$$c_{Na_2S_2O_3}=\frac{6\times m_{K_2Cr_2O_7}}{V_{Na_2S_2O_3}\times M_{K_2Cr_2O_7}}\times 10^3$$

例 3　准确称取 $K_2Cr_2O_7$基准物 0.1226g，溶于水后，加足量 KI，加 H_2SO_4酸化，用待标定的 $Na_2S_2O_3$溶液滴定至淀粉与 I_2的蓝色消失，用去 $Na_2S_2O_3$溶液 24.50mL，求 $Na_2S_2O_3$溶液的浓度是多少？

解：$m_{K_2Cr_2O_7}=0.1226g$，$V_{Na_2S_2O_3}=24.50mL$，$M_{K_2Cr_2O_7}=294.18g/moL$

$$c_{Na_2S_2O_3}=\frac{6\times m_{K_2Cr_2O_7}}{V_{Na_2S_2O_3}\times M_{K_2Cr_2O_7}}\times 10^3=\frac{6\times 0.1226}{24.50\times 294.18}\times 10^3=0.1021mol/L$$

2. 0.05mol/L I_2溶液的配制和标定

（1）0.05mol/L I_2溶液的配制：用升华法制得的纯 I_2 可用于直接法配制标准溶液，但通常情况下，市售的 I_2采用间接法配制。下面以配制 0.05mol/L I_2 500mL 溶液为例，说明其配制方法。

在台秤上称取 KI 18g 于小烧杯中，加纯化水 50mL，搅拌使其溶解，再称取 I_2 6.5g，加入上述 KI 溶液中，搅拌至 I_2完全溶解后，加 HCl 2 滴，转移至棕色瓶中，用纯化水稀释至 500mL，摇匀，放置暗处待用。

（2）0.05mol/L I_2的标定：标定 I_2标准溶液既可采用基准物质标定法，也可采用比较标定法。根据《中华人民共和国药典》规定，标定 I_2标准溶液时可采用比较标定法，即用已知准确浓度的 $Na_2S_2O_3$标准溶液与待标定 I_2的标准溶液反应，求得 I_2标准溶液的体积。

标定方法：用移液管准确移取 25.00mL I_2标准溶液于 250mL 锥形瓶中，加 50mL 纯化水，1mol/L HCl 溶液 1mL，然后用 $Na_2S_2O_3$溶液滴定至近终点时，加入淀粉指示剂 1mL，继续滴定至溶液的蓝色消失，30s 内不褪色即为终点。平行测定三次，按下式计算 I_2溶液的浓度。

$$c_{I_2}=\frac{c_{Na_2S_2O_3}\times V_{Na_2S_2O_3}}{2\times V_{I_2}}$$

例 4　准确量取待标定的 I_2标准溶液 25.00mL 置于碘量瓶中，加纯化水 50mL，用 0.1021mol/L $Na_2S_2O_3$标准溶液滴定至近终点时，加入淀粉指示剂 1mL，继续滴定至溶液的蓝色消失，消耗 $Na_2S_2O_3$标准溶液 24.55mL，求 I_2的浓度。

解：已知 $c_{Na_2S_2O_3}=0.1021mol/L$，$V_{Na_2S_2O_3}=24.50mL$，$V_{I_2}=25.00mL$

$$c_{I_2}=\frac{c_{Na_2S_2O_3}\times V_{Na_2S_2O_3}}{2\times V_{I_2}}=\frac{0.1021\times 24.55}{2\times 25.00}$$

$$=0.05013mol/L$$

三、应用与实例

碘量法的应用范围非常广泛，可用直接碘量法测定维生素 C、安乃近、亚硫酸盐等强还原性物质的含量，也可用间接碘量法测定硫酸铜、漂白粉、葡萄糖等氧化性物质的含量。

1. 维生素 C 的含量测定(直接碘量法)

维生素 C（又称抗坏血酸，化学式为 $C_6H_8O_6$），由于分子中的烯二醇基具有还原性，易被 I_2氧化成二酮基，故可用 I_2标准溶液测定其含量。1mol 维生素 C 与 1mol I_2定量反应。维生素 C 的摩尔质量为 176.12g/mol。

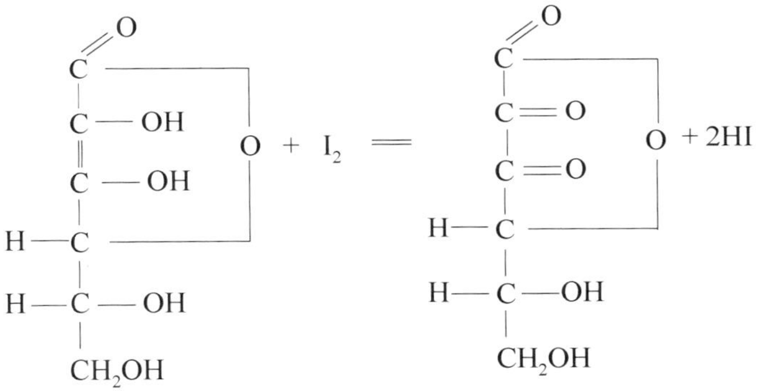

由于维生素 C 的还原性很强，在空气中极易被氧气氧化，尤其是在碱性介质中氧化速率更快，所以在测定时加入 HAc 使溶液呈弱酸性，减少维生素 C 的副反应。由于纯化水中溶解有氧，因此纯化水必须事先煮沸，否则会使测定结果偏低。

测定方法：准确称取约 0.2g 研成粉末的维生素 C 药片，置于 250mL 锥形瓶中，加入 30mL 新煮沸过并冷却的纯化水，2mol/L HAc 溶液 10mL，待样品溶解后加 1mL 淀粉指示剂，立即用 I_2标准溶液滴定至出现稳定的浅蓝色，30s 内不褪色即为终点，记下 I_2溶液体积，平行三测定 3 次。按下式计算试样中维生素 C 的含量。

$$w_{VC}=\frac{c_{I_2}\times V_{I_2}\times M_{C_6H_8O_6}\times 10^{-3}}{m_s}\times 100\%$$

例 5　准确称取维生素 C 药品(规格 0.1g/片，维生素 C 标示量 100mg)0.2000g 于锥形瓶中，加适量新煮沸过并冷却的纯化水和稀 HAc 溶液使其充分溶解，加入 1mL 淀粉指示剂，立即用 0.05013mol/L I_2标准溶液滴定至终点，消耗 22.10mL，试计算该维生素 C 药品中维生素 C 含量。

解：已知 $m_s=0.2000g$，$c_{I_2}=0.05013mol/L$，$V_{I_2}=22.10mL$，$M_{C_6H_8O_6}=176.12g/mol$

$$w_{VC}=\frac{c_{I_2}\times V_{I_2}\times M_{C_6H_8O_6}\times 10^{-3}}{m_s}\times 100\%=\frac{0.05013\times 21.70\times 176.12\times 10^{-3}}{0.2000}\times 100\%$$

$=95.79\%$

根据《中国药典 2010 年版二部》，维生素 C 应为标示量的 93.0%~107.0%。

2. 硫酸铜的含量测定(间接碘量法)

$CuSO_4$中的 Cu^{2+}具有氧化性，在 $CuSO_4$溶液中加入过量的 KI 可将 Cu^{2+}还原为 CuI 沉淀，同时生成定量的 I_2，析出的 I_2再用 $Na_2S_2O_3$标准溶液滴定，从而间接计算出铜的含量。具体反应如下：

$$2Cu^{2+}+4I^- \longrightarrow 2CuI\downarrow +I_2$$

$$I_2+I^- \longrightarrow I_3^-$$

$$I_2+2S_2O_3^{2-} \longrightarrow 2I^-+S_4O_6^{2-}$$

Cu^{2+}与 I^-的反应是可逆的，为了促使反应实际上能趋于完全，必须加入过量的 KI。但是由于 CuI 沉淀强烈地吸附 I_3^-离子，会使测定结果偏低。如果加入 KSCN，使 CuI($K_{sp}=5.06\times10^{-12}$)转化为溶解度更小的 CuSCN($K_{sp}=4.8\times10^{-15}$)。

$$CuI+SCN^- \longrightarrow CuSCN\downarrow +I^-$$

这样不但可以释放出被吸附的 I_3^-离子，而且反应时再生出来的 I^-离子可与未反应的 Cu^{2+}离子发生作用。在这种情况下，可以使用较少的 KI 而能使反应进行得更完全。

但是 KSCN 只能在接近终点时加入，否则因为 I_2的量较多，会明显地被 KSCN 所还原而使结果偏低。

$$SCN^-+4I_2+4H_2O \longrightarrow SO_4^{2-}+7I^-+ICN+8H^+$$

为了防止铜盐水解，反应必须在酸性溶液中进行。酸度过低，Cu^{2+}离子氧化 I^-离子的反应进行不完全，结果偏低，而且反应速度慢，终点拖长；酸度过高，则 I^-离子被空气氧化为 I_2的反应为 Cu^{2+}离子催化，使结果偏高。

大量 Cl^-离子能与 Cu^{2+}离子络合，I^-离子不易从 Cu(Ⅱ)的氯络合物中将 Cu(Ⅱ)定量地还原，因此最好用硫酸而不用盐酸(少量盐酸不干扰)。

测定方法：准确称取硫酸铜试样 0.15g 置于 250mL 碘量瓶中，加入 1mol/L H_2SO_4溶液 3mL 和纯化水 30mL 使之溶解，加入 10% KI 溶液 7~8mL，立即用 $Na_2S_2O_3$标准溶液滴定到呈浅黄色后加入淀粉指示剂 1mL，继续滴定到呈浅蓝色，再加入 5mL10% KSCN 溶液，摇匀后溶液蓝色转深，再继续滴定到蓝色恰好消失，此时溶液为米色 CuSCN 悬浮液。平行测定 3 次。正确记录数据并结果分析。

按照下式计算 Cu 的含量：

$$w_{Cu}=\frac{c_{Na_2S_2O_3}\times V_{Na_2S_2O_3}\times 10^{-3}\times M_{Cu}}{m_s}\times 100\%$$

例 6 分析硫酸铜试样 0.6000g，处理成 Cu^{2+}用间接碘法测定，用去 0.1021mol/L 的 $Na_2S_2O_3$标准溶液 21.90mL，滴至淀粉蓝色消失，求此试样中 Cu 的质量分数。

解：已知 $m_s=0.6000g$，$c_{Na_2S_2O_3}=0.1021mol/L$，$V_{Na_2S_2O_3}=21.90mL$，$M_{Cu}=64g/mol$

$$w_{Cu}=\frac{c_{Na_2S_2O_3}\times V_{Na_2S_2O_3}\times10^{-3}\times M_{Cu}}{m_s}\times100\%=\frac{0.1021\times21.90\times10^{-3}\times64}{0.6000}\times100\%$$

$=23.85\%$

第四节　亚硝酸钠滴定法

一、亚硝酸钠滴定法

（一）定义

以亚硝酸钠溶液液为标准溶液的容量分析法称为重氮化法（亦称为亚硝酸钠法）。

（二）原理

芳香伯胺类药物在盐酸存在下，能定量地与亚硝酸钠产生重氮化反应。依此，用已知浓度的亚硝酸钠标准溶液滴定（用永停法指示终点），根据消耗的亚硝酸钠标准溶液的浓度和毫升数，计算出芳伯胺类药物的含量。

反应式：

$$ArNH_2+NaNO_2+2HCl \longrightarrow [Ar-N^+\equiv N]Cl^-+NaCl+2H_2O$$

（三）滴定条件

1. 反应温度

重氮化反应的速度随温度的升高而加快，但生成的重氮盐也能随温度的升高而加速分解。

$$[Ar-N^+\equiv N]Cl^-+H_2O \longrightarrow Ar-OH+N_2\uparrow+HCl$$

2. 滴定速度

3. 苯环上取代基团的影响

苯胺环上，特别是在对位上，有其他取代基团存在时，能影响重氮化反应的速度。

二、标准溶液配制和标定

直接法配制和间接法配制。

操作步骤：在台秤上称取 7.2g 亚硝酸钠晶体，溶于新煮沸的冷纯化水中，加水稀释成 1L，加入 0.1g 无水碳酸钠。摇匀备用。

用基准对氨基苯磺酸标定，以永停法指示终点。

测定方法：称取在 120℃ 干燥至恒重的无水对氨基苯磺酸 0.35～0.4g（称准至 0.0002g），置于 400mL 烧杯中，用 200mL 纯化水、3mL 氨水溶解，加 20mL 稀盐酸溶液和 1g 溴化钾，将溶液冷却并保持在 0～5℃，在搅拌下，慢慢滴加亚硝酸钠溶液，近终点时取出一滴溶液，以淀粉-碘化钾试纸试验，至产生明显蓝色，放置 5min，再以试纸试验，如仍产生明显蓝色，即为终点。同时作空白测定。贮藏于玻璃塞的棕色玻瓶中，密闭保存。

三、注意事项

① 将滴定管尖端插入液面 2/3 处进行滴定，是一种快速滴定法。

② 重氮化温度应在 15～30℃，以防重氮盐分解和亚硝酸逸出。

③ 重氮化反应须以盐酸为介质，因在盐酸中反应速度快，且芳伯胺的盐酸盐溶解度大。在酸度为 1～2mol/L 下滴定为宜。

④ 近终点时，芳伯胺浓度较稀，反应速度减慢，应缓缓滴定，并不断搅拌。

⑤ 永停仪铂电极易钝化，应常用浓硝酸（加 1～2 滴三氯化铁试液）温热活化。

⑥ 亚硝酸钠标准溶液应于玻塞棕色玻璃瓶中避光保存。

同步测试

一、名词解释

1. 氧化还原滴定法　　2. 高锰酸钾法　　3. 直接碘量法　　4. 间接碘量法

二、单项选择题

1. 标定 $KMnO_4$标准溶液时常用的基准物质是(　　)。

A. $K_2Cr_2O_7$　　B. KIO_2　　C. $Na_2C_2O_4$　　D. $Na_2S_2O_3$

2. 下列标准溶液在反应中作还原剂的是(　　)。

A. 高锰酸钾　　B. 碘　　C. 硫代硫酸钠　　D. 亚硝酸钠

3. 高锰酸钾滴定法属于下列哪种指示剂法(　　)。

A. 酸碱指示剂　　B. 吸附指示剂　　C. 金属指示剂　　D. 自身指示剂

4. 高锰酸钾滴定法用下列哪种酸调节溶液的酸性(　　)。

A. 盐酸　　B. 稀硫酸　　C. 硝酸　　D. 醋酸

5. 用高锰酸钾标准溶液滴定亚铁盐时，下列操作错误的是(　　)。

A. 为了加快反应速率可在滴定前加入 Mn^{2+}作催化剂

B. 为了加快反应速率在滴定过程中进行加热

C. 无需加指示剂

D. 终点颜色为淡红色

6. 高锰酸钾法滴定的酸碱性条件是(　　)。

A. 中性　　B. 微酸性　　C. 强酸性　　D. 弱碱性

7. 在酸性溶液中，用 $KMnO_4$标准溶液滴定 $Na_2C_2O_4$，反应由慢而快的原因是(　　)。

A. 反应物浓度不断增加　　B. 反应温度降低

C. 反应中 c_{H^+}减少　　D. 反应中 Mn^{2+}生成

8. 在酸性溶液中，下列哪种物质不能使 $KMnO_4$溶液褪色(　　)?

A. Fe^{2+}　　B. S^{2+}　　C. H_2O_2　　D. CO_3^{2-}

9. 配制 $Na_2S_2O_3$溶液时，加入少量 Na_2CO_3的作用是(　　)。

A. 增强 $Na_2S_2O_3$的还原性　　B. 防止 $Na_2S_2O_3$分解并杀灭水中微生物

C. 中和 $Na_2S_2O_3$溶液的酸性　　D. 增强 I_2的氧化性

10. 间接碘量法中加入淀粉指示剂的适宜时间是(　　)。

A. 滴定开始时　　B. 滴定至近终点时

C. 滴定至溶液呈无色时　　D. 在标准溶液滴定了 50%后

11. 下列碘量法中，判断滴定终点错误的是(　　)。

A. 直接碘量法以溶液出现蓝色为终点

B. 间接碘量法以溶液蓝色消失为终点

C. 用碘标准溶液滴定硫代硫酸钠时以溶液出现蓝色为终点

D. 用硫代硫酸钠标准溶液滴定碘溶液时以溶液出现蓝色为终点

三、填空题

1. $KMnO_4$具有很强的______性，配制 $KMnO_4$标准溶液应采用______法，标定 $KMnO_4$标准溶液常用的基准物质是______，滴定时要用______调节强酸性。$KMnO_4$滴定法属于______指示剂法，终点的现象是溶液呈______ 色(且 30s 内不褪色)。

2. 碘量法分为直接碘量法和间接碘量法。直接碘量法是利用 I_2的______性，直接测定较强的______性物质。间接碘量法是利用 I^-的______性，测定______性的物质。

3. 直接碘量法与间接碘量法所用的指示剂均为______，直接碘量法的终点现象是溶液呈现______，间接碘量法的终点现象是溶液______。

四、简答题

1. 用 $KMnO_4$法测定还原性物质含量时，能否用 HNO_3或 HCl 调节溶液的酸度？为什么？

2. 用间接碘量法测定氧化性物质时，淀粉指示剂应何时加入？为什么？

五、计算题

1. 准确移取市售的双氧水 15.00mL，用直接法配制成 250.00mL，摇匀。再从其中准确吸出 25.00mL 于锥形瓶中，加硫酸酸化后，用 0.02068mol/L $KMnO_4$标准溶液滴定，终点时消耗 $KMnO_4$标准溶液 26.42mL，请计算样品中 H_2O_2的含量。

2. 标定 $Na_2S_2O_3$溶液时，称得基准 $K_2Cr_2O_7$样品 0.1506g，酸化，并加入过量的 KI，释放的 I_2用 26.23mL 的 $Na_2S_2O_3$溶液滴定至终点，请计算 $Na_2S_2O_3$溶液的物质的量浓度。

3. 准确称取硫酸亚铁样品 0.6105g，加 3mol/L H_2SO_4溶液 10mL、纯化水 30mL，立即用 0.02006mol/L 的 $KMnO_4$标准溶液滴定至终点，消耗标准溶液的体积为 20.03mL。求硫酸亚铁的质量分数($FeSO_4 \cdot 7H_2O$ 的摩尔质量为 278.01g/mol)。

4. 准确称取硫酸铜样品 0.5726g，加纯化水 30mL、稀醋酸溶液 4mL、碘化钾 2.08g，用 0.09002mol/L 的 $Na_2S_2O_3$标准溶液滴定至浅黄色时，加入淀粉指示剂 2mL，继续滴定至溶液呈淡蓝色时加入 10%的 KSCN 溶液 5mL，然后继续滴定至蓝色恰好消失溶液呈米色悬浮液。终点时消耗 $Na_2S_2O_3$标准溶液的体积为 21.00mL。求样品中铜的质量分数。

第七章　沉淀滴定法

【学习目标】

1. 熟悉铬酸钾指示剂法、铁铵矾指示剂法和吸附指示剂法的测定原理和测定条件。
2. 掌握硝酸银标准溶液、硫氰酸钾标准溶液的配制和标定方法及应用。

【本章重点】

铬酸钾指示剂法、铁铵矾指示剂法和吸附指示剂法的测定原理、测定条件，标准溶液的配制和标定方法。

【本章难点】

铬酸钾指示剂法、铁铵矾指示剂法的实例应用。

【项目导入】

粗盐中主要成分是氯化钠，但含有钙、镁、钾、硫酸根等可溶性杂质，以及泥沙等其他不溶性杂质，那如何测定氯化钠含量呢？氯化钠与硝酸银能定量反应生成氯化银沉淀，是不是可以设计一种滴定方法，根据所消耗硝酸银的量来计算粗盐中氯化钠的含量。

第一节　概　　述

沉淀滴定法是以沉淀反应为基础的一种滴定分析方法。虽然沉淀反应很多，但是能用于滴定分析的沉淀反应必须符合下列几个条件：

① 沉淀反应必须迅速，并按一定的化学计量关系进行。

② 生成的沉淀应具有恒定的组成，而且溶解度必须很小。

③ 有适当的方法确定化学计量点。

④ 沉淀的吸附现象不影响滴定终点的确定。

由于上述条件的限制，能用于沉淀滴定法的反应并不多，目前有实用价值的主要是形成难溶性银盐的反应，例如：

$$Ag^{+}+Cl^{-} \longrightarrow AgCl\downarrow \quad （白色）$$

$$Ag^{+}+SCN^{-} \longrightarrow AgSCN\downarrow \quad （白色）$$

这种利用生成难溶银盐反应进行沉淀滴定的方法称为银量法。用银量法主要用于测定 Cl^{-}、Br^{-}、I^{-}、Ag^{+}、CN^{-}、SCN^{-}等离子及含卤素的有机化合物。

根据滴定方式的不同，银量法可分为直接法和间接法。直接法是用 $AgNO_3$标准溶液直接滴定待测组分的方法。间接法是先于待测试液中加入一定量的 $AgNO_3$ 标准溶液，再用 NH_4SCN标准溶液来滴定剩余的 $AgNO_3$溶液的方法。

根据确定滴定终点所采用的指示剂不同，按照创立者的名字命名，银量法分为莫尔法、佛尔哈德法和法扬司法。

① 莫尔法：用铬酸钾作指示剂确定终点的银量法。

① 佛尔哈德法：用铁铵矾作指示剂确定终点的银量法。

③ 法扬司法：用吸附指示剂确定终点的银量法。

第二节 铬酸钾指示剂法

一、铬酸钾指示剂法的原理和条件

以 K_2CrO_4 为指示剂，在中性或弱碱性介质中用 $AgNO_3$ 标准溶液测定卤素混合物含量的方法，也称为莫尔法。其依据产生的 AgCl 或 AgBr 与 Ag_2CrO_4 沉淀的颜色和溶解度不同进行滴定分析。

1. 指示剂的作用原理

以测定 Cl^- 为例，K_2CrO_4 作指示剂，用 $AgNO_3$ 标准溶液滴定，其反应为：

$$Ag^+ + Cl^- \longrightarrow AgCl\downarrow \quad 白色$$

$$2Ag^+ + CrO_4^{2-} \longrightarrow Ag_2CrO_4\downarrow \quad 砖红色$$

这个方法的依据是多级沉淀原理，由于 AgCl 的溶解度比 Ag_2CrO_4 的溶解度小，因此在用 $AgNO_3$ 标准溶液滴定时，先析出 AgCl 白色沉淀，当滴定剂 Ag^+ 与 Cl^- 达到化学计量点时，微过量的 Ag^+ 与 CrO_4^{2-} 反应析出砖红色的 Ag_2CrO_4 沉淀，指示滴定终点的到达。

2. 滴定条件

（1）指示剂的用量　用 $AgNO_3$ 标准溶液滴定 Cl^-，指示剂 K_2CrO_4 的用量对于终点指示有较大的影响，CrO_4^{2-} 浓度过高或过低，Ag_2CrO_4 沉淀的析出就会过早或过迟，就会产生一定的终点误差。因此要求 Ag_2CrO_4 沉淀应该恰好在滴定反应的化学计量点时出现。化学计量点时 $[Ag^+]$ 为：

$$[Ag^+] = [Cl^-] = \sqrt{K_{sp,AgCl}} = \sqrt{3.2\times10^{-10}}\,mol/L = 1.8\times10^{-5}\,mol/L$$

若此时恰有 Ag_2CrO_4 沉淀，则

$$[CrO_4^{2-}] = \frac{K_{sp,Ag_2CrO_4}}{[Ag^+]^2} = 5.0\times10^{-12}/(1.8\times10^{-5})^2\,mol/L = 1.5\times10^{-2}\,mol/L$$

在滴定时，由于 K_2CrO_4 显黄色，当其浓度较高时颜色较深，不易判断砖红色的出现。为了能观察到明显的终点，指示剂的浓度以略低一些为好。实验证明，滴定溶液中 $c_{K_2CrO_4}$ 为 5×10^{-3} mol/L 是确定滴定终点的适宜浓度。

显然，K_2CrO_4 浓度降低后，要使 Ag_2CrO_4 析出沉淀，必须多加些 $AgNO_3$ 标准溶液，这时滴定剂就过量了，终点将在化学计量点后出现，但由于产生的终点误差一般都小于 0.1%，不会影响分析结果的准确度。但是如果溶液较稀，如用 0.01000mol/L $AgNO_3$ 标准溶液滴定 0.01000mol/L Cl^- 溶液，滴定误差可达 0.6%，影响分析结果的准确度，应做指示剂空白试验进行校正。因此，通常在反应液总体积为 50～100mL 溶液中，加入 5%(g/mL) K_2CrO_4 指示剂 1～2mL，此时的 CrO_4^{2-} 浓度约为 2.6×10^{-3}～5.2×10^{-3} mol/L。

（2）滴定时的酸度　在酸性溶液中，CrO_4^{2-} 有如下反应：

$$2CrO_4^{2-} + 2H^+ \rightleftharpoons 2HCrO_4^- \rightleftharpoons Cr_2O_7^{2-} + H_2O$$

因而降低了 CrO_4^{2-} 的浓度，使 Ag_2CrO_4 沉淀出现过迟，甚至不会沉淀。

在强碱性溶液中，会有棕黑色 $Ag_2O\downarrow$ 沉淀析出：

$$2Ag^{+}+2OH^{-} \rightleftharpoons Ag_2O\downarrow +H_2O$$

因此，铬酸钾指示剂法只能在中性或弱碱性（pH = 6.5 ~ 10.5）溶液中进行。若溶液酸性太强，可用 $Na_2B_4O_7\cdot 10H_2O$ 或 $NaHCO_3$ 中和；若溶液碱性太强，可用稀 HNO_3 溶液中和。而且滴定溶液中不能含有氨，因为 AgCl 和 Ag_2CrO_4 均可与 NH_3 形成 $[Ag(NH_3)_2]^+$ 配离子而溶解，如果溶液中含有 NH_3 存在时，应先用稀 HNO_3 溶液中和；当有铵盐存在时，滴定的 pH 范围应控制在 6.5~7.2。

（3）滴定时应充分振摇　防止反应产物 AgCl、AgBr 沉淀吸附尚未被滴定的 Cl^-、Br^-，而使溶液中的离子浓度降低，以至终点提前而引入误差。滴定时必须充分振摇，使被吸附离子释放出来。

（4）预先分离干扰离子　莫尔法的选择性较差，凡能与 Ag^+ 生成沉淀的阴离子，如 SO_3^{2-}、PO_4^{3-}、AsO_4^{3-}、S^{2-} 等，与 CrO_4^{2-} 生成沉淀的阳离子，如 Ba^{2+}、Pb^{2+}、Hg^{2+} 等，在中性或弱碱性溶液中容易发生水解的离子，如 Fe^{3+}、Al^{3+}、Bi^{3+} 等，以及含 Cu^{2+}、Co^{2+}、Ni^{2+} 等的有色溶液，均干扰滴定，应预先分离除去。

3. 应用范围

莫尔法主要用于测定 Cl^-、Br^- 和 Ag^+，如氯化物、溴化物纯度测定以及天然水中氯含量的测定，不宜测定 I^- 和 SCN^-，因为滴定生成的 AgI 和 AgSCN 沉淀表面会强烈吸附 I^- 和 SCN^-，使滴定终点过早出现，造成较大的滴定误差。

二、0.1mol/L $AgNO_3$ 标准溶液的配制和标定

1. 0.1mol/L $AgNO_3$ 标准溶液的配制

一般的 $AgNO_3$ 溶液，往往含有水分、金属银、有机物、氧化银、亚硝酸银及游离酸和不溶物等杂质。

称取 17g 分析纯 $AgNO_3$，配制成 1000mL 溶液，搅拌均匀。将其贮存在棕色磨口试剂瓶中，避光保存，待标定。

2. 0.1mol/L $AgNO_3$ 标准溶液的标定

标定最常用的是基准 NaCl，但是 NaCl 容易吸收空气中的水分，所以在使用时应在500~600℃烘箱中烘干 2~3h，冷却后，保存于干燥器中备用。

称取干燥至恒重的基准 NaCl 0.12g，置于 250mL 锥形瓶中，加纯化水 50mL 使其溶解，加入 5% K_2CrO_4 指示剂 1mL，在不断摇动下用 0.1mol/L $AgNO_3$ 溶液滴定至悬浮液中出现浅的砖红色沉淀即为终点。平行试验 3 次，正确记录数据并进行结果分析。

按下式计算 $AgNO_3$ 标准溶液的物质的量浓度：

$$c_{AgNO_3}=\frac{m_{NaCl}}{V_{AgNO_3}\times M_{NaCl}}\times 10^3$$

例 1　准确称取纯 NaCl 0.1232g，加水溶解后，以铬酸钾为指示剂，用 $AgNO_3$ 标准溶液滴定，用去 19.65mL，计算该 $AgNO_3$ 标准溶液的浓度。

解：已知 $m_s = 0.1232g$，$V_{AgNO_3} = 19.65mL$，$M_{NaCl} = 58.5g/mol$

$$c_{AgNO_3}=\frac{m_{NaCl}}{V_{AgNO_3}\times M_{NaCl}}\times 10^3=\frac{0.1232}{19.65\times 58.5}\times 10^3=0.1072mol/L$$

三、应用与实例

铬酸钾指示剂法只能用于测定可溶性的氯化物和溴化物。

1. 粗盐中氯化钠含量的测定

准确称取粗盐试样 1.5g，用直接法配制，定容至 250.0mL，摇匀。准确量取 25.00mL 上述溶液置于 250mL 锥形瓶中，加纯化水 50mL，摇匀，加 5% 铬酸钾指示剂 1mL，在不断摇动下用 0.1mol/L $AgNO_3$溶液滴定至悬浮液中出现浅的砖红色沉淀即为终点。平行测定 3 次，正确记录数据并进行结果分析。

按下式计算氯化钠的含量：

$$w_{NaCl}=\frac{c_{AgNO_3}\times V_{AgNO_3}\times M_{NaCl}\times 10^{-3}}{m_s\times\frac{25.00}{250.0}}\times 100\%$$

例 2 准确称取某品牌粗盐 1.5378g 置于锥形瓶中，加纯化水溶解定容至 250mL 容量瓶中，从中准确移取 25.00mL 于锥形瓶，加入适量纯化水与铬酸钾指示剂，用 0.1072mol/L 的 $AgNO_3$标准溶液滴定至刚好能辨认出砖红色即为终点，消耗 $AgNO_3$标准液 17.50mL，请试着计算该粗盐中 NaCl 的含量。

解：已知 $m_s=1.5378g$，$c_{AgNO_3}=0.1072mol/L$，$V_{AgNO_3}=17.50mL$，$M_{NaCl}=58.5g/mol$

$$w_{NaCl}=\frac{c_{AgNO_3}\times V_{AgNO_3}\times M_{NaCl}\times 10^{-3}}{m_s\times\frac{25.00}{250.0}}\times 100\%=\frac{0.1072\times 17.50\times 58.5\times 10^{-3}}{1.5378\times\frac{25.00}{250.0}}\times 100\%$$

$$=71.37\%$$

2. 氯化钾缓释片中氯化钾含量的测定

医药上，氯化钾缓释片可以治疗各种原因引起的低钾血症，如进食不足、呕吐、严重腹泻等，当患者存在失钾情况，尤其是如果发生低钾血症对患者危害较大时(如洋地黄化的患者)，还可以预防低钾血症。

测定方法：准确称取氯化钾样品 1.6g，用直接法配制，定容至 250.0mL，摇匀。准确量取 25.00mL 上述溶液置于锥形瓶中，加纯化水 25mL，5% K_2CrO_4指示剂 1mL，用 0.1mol/L $AgNO_3$滴定液滴定至混悬液呈浅的砖红色，即为终点。平行测定 3 次，正确记录数据并进行结果分析。

按下式计算氯化钾的含量：

$$w_{KCl}=\frac{c_{AgNO_3}\times V_{AgNO_3}\times M_{KCl}\times 10^{-3}}{m_s\times\frac{25.00}{250.0}}\times 100\%$$

第三节　铁铵矾指示剂法

一、铁铵矾指示剂法的原理和条件

1. 滴定原理

在酸性介质中，以铁铵矾［$NH_4Fe(SO_4)_2\cdot 12H_2O$］为指示剂，以 KSCN 或 NH_4SCN 为

标准溶液测定银盐或卤素化合物的银量法，称为铁铵矾指示剂法，也称为佛尔哈德法。根据滴定方式的不同，分为直接滴定法和返滴定法两种。

2. 滴定条件

（1）直接滴定法测定 Ag^+　在含有 Ag^+ 的 HNO_3 介质中，以铁铵矾作指示剂，用 NH_4SCN 标准溶液直接滴定，当滴定到化学计量点时，微过量的 SCN^- 与 Fe^{3+} 结合生成红色的 $[FeSCN]^{2+}$ 即为滴定终点。

其反应式：

$$Ag^+ + SCN^- \longrightarrow AgSCN\downarrow \quad（白色） \qquad K_{sp,AgSCN} = 2.0\times10^{-12}$$

$$Fe^{3+} + SCN^- \longrightarrow [FeSCN]^{2+} \quad（红色） \quad K = 200$$

由于指示剂中的 Fe^{3+} 在中性或碱性溶液中形成 $Fe(OH)^{2+}$、$Fe(OH)_2^+$ 等深色配合物，碱度再大，还会产生 $Fe(OH)_3$ 沉淀，因此滴定应在酸性（0.3～1mol/L）溶液中进行。

用 NH_4SCN 溶液滴定 Ag^+ 溶液时，生成的 AgSCN 沉淀能吸附溶液中的 Ag^+，使 Ag^+ 浓度降低，以致红色的出现略早于化学计量点。因此在滴定过程中需剧烈摇动，使被吸附的 Ag^+ 释放出来。

此法的优点在于可用来直接测定 Ag^+，并可在酸性溶液中进行滴定。

（2）返滴定法测定卤素离子　铁铵矾指示剂法测定卤素离子（如 Cl^-、Br^-、I^- 和 SCN）时应采用返滴定法。即在酸性（HNO_3 介质）待测溶液中，先加入已知过量的 $AgNO_3$ 标准溶液，再用铁铵矾作指示剂，用 NH_4SCN 标准溶液回滴剩余的 Ag^+（HNO_3 介质）。反应如下：

$$\underset{（过量）}{Ag^+} + X^- \longrightarrow AgX\downarrow \quad（白色）$$

$$\underset{（剩余量）}{Ag^+} + SCN^- \longrightarrow AgSCN\downarrow \quad（白色）$$

终点指示反应：　$Fe^{3+} + SCN^- \longrightarrow [FeSCN]^{2+}$　（红色）

用铁铵矾指示剂法测定 Cl^-，滴定到临近终点时，经摇动后形成的红色会褪去，这是因为 AgSCN 的溶解度小于 AgCl 的溶解度，加入的 NH_4SCN 将与 AgCl 发生沉淀转化反应：

$$AgCl + SCN^- \longrightarrow AgSCN\downarrow + Cl^-$$

沉淀的转化速率较慢，滴加 NH_4SCN 形成的红色随着溶液的摇动而消失。这种转化作用将继续进行到 Cl^- 与 SCN^- 浓度之间建立一定的平衡关系，才会出现持久的红色，无疑滴定已多消耗了 NH_4SCN 标准滴定溶液。为了避免上述现象的发生，通常采用以下措施：

① 试液中加入一定过量的 $AgNO_3$ 标准溶液之后，将溶液煮沸，使 AgCl 沉淀凝聚，以减少 AgCl 沉淀对 Ag^+ 的吸附。滤去沉淀，并用稀 HNO_3 充分洗涤沉淀，然后用 NH_4SCN 标准滴定溶液回滴滤液中的过量 Ag^+。

② 在滴入 NH_4SCN 标准溶液之前，加入有机溶剂硝基苯或邻苯二甲酸二丁酯或 1，2-二氯乙烷。用力摇动后，有机溶剂将 AgCl 沉淀包住，使 AgCl 沉淀与外部溶液隔离，阻止 AgCl 沉淀与 NH_4SCN 发生转化反应。此法方便，但硝基苯有毒。

③ 提高 Fe^{3+} 的浓度以减小终点时 SCN^- 的浓度，从而减小上述误差（实验证明，一般溶液中 $c_{Fe^{3+}} = 0.2mol/L$ 时，终点误差将小于 0.1%）。

铁铵矾指示剂法在测定 Br^-、I^- 和 SCN^- 时，滴定终点十分明显，不会发生沉淀转化，因此不必采取上述措施。但是在测定碘化物时，必须加入过量 $AgNO_3$ 溶液之后再加入铁铵矾指示剂，以免I^-对Fe^{3+}的还原作用而造成误差。强氧化剂和氮的氧化物以及铜盐、汞盐都与SCN^-作用，因而干扰测定，必须预先除去。

二、0.1mol/L KSCN标准溶液的配制和标定

1. 0.1mol/L KSCN标准溶液的配制

称取分析纯KSCN固体5.0g，加纯化水溶解后转移到500mL试剂瓶中，稀释至500mL，混匀，待标定。

2. 0.1mol/L KSCN标准溶液的标定

准确吸取$AgNO_3$标准溶液25.00mL，置于锥形瓶中，加纯化水50mL、稀HNO_3 2mL和铁铵矾指示剂2mL，用待标定的KSCN标准溶滴定至溶液呈浅红色，振摇后仍不褪色即为终点。平行测定3次，正确记录数据并进行结果分析。

按下式计算KSCN标准溶液的浓度：

$$c_{KSCN}=\frac{c_{AgNO_3}\times V_{AgNO_3}\times 10^{-3}}{V_{KSCN}}$$

例3 准确吸取已标定的0.1072mol/L $AgNO_3$标准溶液25.00mL于锥形瓶中，加入2mL HNO_3和适量铁铵矾指示剂，用KSCN标准溶液进行滴定，消耗KSCN标准溶液24.30mL，计算该KSCN标准溶液的准确浓度。

解：已知$c_{AgNO_3}=0.1072$mol/L，$V_{AgNO_3}=25.00$mL，$V_{KSCN}=24.30$mL

$$c_{KSCN}=\frac{c_{AgNO_3}\times V_{AgNO_3}}{V_{KSCN}}=\frac{0.1072\times 25.00}{24.30}$$

$$=0.1103\text{mol/L}$$

三、应用与实例

铁铵矾指示剂法比铬酸钾指示剂法应用范围更广，在酸性溶液中可以测定Ag^+、Cl^-、Br^-、SCN^-等，而且在酸性溶液中Al^{3+}、Zn^{2+}、Ba^{2+}、PO_4^{3-}、CO_3^{2-}等均不干扰滴定反应。下面仍以粗盐中氯化钠含量的测定来说明其测定方法。

准确称取粗盐试样1.5g，用直接法配制，定容至250.0mL，摇匀。准确量取25.00mL上述溶液置于250mL锥形瓶中，加入已标定的$AgNO_3$标准溶液25.00mL，摇匀，再加铁铵矾指示剂1mL，用KSCN标准溶液滴定至悬浮液中出现浅红色，振摇后30s不褪色即为终点。平行测定3次，正确记录数据并进行结果分析。

按下式计算氯化钠的含量：

$$w_{NaCl}=\frac{(c_{AgNO_3}\times V_{AgNO_3}-c_{KSCN}\times V_{AgNO_3})\times M_{NaCl}\times 10^{-3}}{m_s\times\frac{25.00}{250.0}}\times 100\%$$

例4 准确称取试样1.5000g置于锥形瓶中，用纯化水溶解定容至250.0mL容量瓶中，准确量取25.00mL上述溶液置于250mL锥形瓶中，加入25.00mL 0.1072mol/L的$AgNO_3$标准溶液。过量的$AgNO_3$标准溶液用0.1103mol/L KSCN溶液回滴，用去KSCN溶液7.30mL，求试样中氯化钠的质量分数。

解：已知$m_s=1.5000$g，$c_{AgNO_3}=0.1072$mol/L，$V_{AgNO_3}=25.00$mL，$c_{KSCN}=0.1103$mol/L

$$w_{NaCl}=\frac{(c_{AgNO_3}\times V_{AgNO_3}-c_{KSCN}\times V_{AgNO_3})\times M_{NaCl}\times 10^{-3}}{m_s\times\frac{25.00}{250.0}}\times 100\%$$

$$=\frac{(0.1072\times 25.00-0.1103\times 7.30)\times 58.5\times 10^{-3}}{1.5000\times\frac{25.00}{250.0}}\times 100\%$$

$$=73.12\%$$

第四节　吸附指示剂法

一、吸附指示剂的原理及条件

1. 滴定原理

以吸附指示剂确定滴定终点的一种银量法称为吸附指示剂法，也被称为法扬司法。

吸附指示剂是一类有机染料，它的阴离子在溶液中易被带正电荷的胶状沉淀吸附，吸附后结构改变，从而引起颜色的变化，指示滴定终点的到达。

现以 $AgNO_3$标准溶液滴定 Cl^-为例，说明指示剂荧光黄的作用原理。

荧光黄是一种有机弱酸，用 HFI 表示，在水溶液中可离解为荧光黄阴离子 FI^-，呈黄绿色：$HFI \rightleftharpoons FI^- + H^+$

在化学计量点前，生成的 AgCl 沉淀在过量的 Cl^-溶液中，AgCl 沉淀吸附 Cl^-而带负电荷，形成的 $(AgCl)\cdot Cl^-$不吸附指示剂阴离子 FI^-，溶液呈黄绿色。达化学计量点时，微过量的 $AgNO_3$可使 AgCl 沉淀吸附 Ag^+形成 $(AgCl)\cdot Ag^+$而带正电荷，此带正电荷的 $(AgCl)\cdot Ag^+$吸附荧光黄阴离子 FI^-，结构发生变化呈现粉红色，使整个溶液由黄绿色变成粉红色，指示终点的到达。

$$(AgCl)\cdot Ag^+ + \underset{\text{(黄绿色)}}{FI^-} \xrightarrow{\text{吸附}} \underset{\text{(粉红色)}}{(AgCl)\cdot Ag\cdot FI}$$

2. 滴定条件

为了使终点变色敏锐，应注意使用吸附指示剂时的滴定条件。

（1）保持沉淀呈胶体状态　由于吸附指示剂的颜色变化发生在沉淀微粒表面上，因此，应尽可能使卤化银沉淀呈胶体状态，具有较大的表面积。为此，在滴定前应将溶液稀释，并加糊精或淀粉等高分子化合物作为保护剂，以防止卤化银沉淀凝聚。

（2）控制溶液酸度　常用的吸附指示剂大多是有机弱酸，而起指示剂作用的是它们的阴离子。酸度大时，H^+与指示剂阴离子结合成不被吸附的指示剂分子，无法指示终点。酸度的大小与指示剂的离解常数有关，离解常数大，酸度可以大些。例如荧光黄其 $pK_a\approx 7$，适用于 $pH=7\sim 10$ 的条件下进行滴定，若 $pH<7$ 荧光黄主要以 HFI 形式存在，不被吸附。

（3）避免强光照射　卤化银沉淀对光敏感，易分解析出银，使沉淀变为灰黑色，影响滴定终点的观察，因此在滴定过程中应避免强光照射。

（4）吸附指示剂的选择　沉淀胶体微粒对指示剂离子的吸附能力，应略小于对待测离子的吸附能力，否则指示剂将在化学计量点前变色。但不能太小，否则终点出现过迟。卤化银对卤化物和几种吸附指示剂的吸附能力的次序如下：

$I^- > SCN^- > Br^- >$ 曙红 $> Cl^- >$ 荧光黄

因此，滴定 Cl^- 不能选曙红，而应选荧光黄。表 6-1 中列出了几种常用的吸附指示剂及其应用。

表 6-1 常用吸附指示剂

指示剂	被测离子	滴定剂	滴定条件	终点颜色变化
荧光黄	Cl^-、Br^-、I^-	$AgNO_3$	pH 7～10	黄绿→粉红
二氯荧光黄	Cl^-、Br^-、I^-	$AgNO_3$	pH 4～10	黄绿→红
曙红	Br^-、SCN^-、I^-	$AgNO_3$	pH 2～10	橙黄→红紫
溴酚蓝	生物碱盐类	$AgNO_3$	弱酸性	黄绿→灰紫
甲基紫	Ag^+	NaCl	酸性溶液	黄红→红紫

3. 应用范围

法扬司法可用于测定 Cl^-、Br^-、I^- 和 SCN^- 及生物碱盐类(如盐酸麻黄碱)等。测定 Cl^- 常用荧光黄或二氯荧光黄作指示剂，而测定 Br^-、I^- 和 SCN^- 常用曙红作指示剂。此法终点明显，方法简便，但反应条件要求较严，应注意溶液的酸度、浓度及胶体的保护等。

二、应用与实例

吸附指示剂法可在 pH 2～10 的范围内测定 Ag^+、Cl^-、Br^-、I^-、SCN^- 等，下面仍以粗盐中氯化钠含量的测定来说明其测定方法。

准确称取粗盐试样 1.5g，用直接法配制，定容至 250.0mL，摇匀。准确量取 25.00mL 上述溶液置于 250mL 锥形瓶中，加纯化水 25mL，摇匀，加入糊精溶液 5mL，荧光黄指示剂 5 滴，用 $AgNO_3$ 标准溶液滴定至粉红色即为终点。平行测定 3 次，正确记录数据并进行结果分析。

按下式计算氯化钠的含量：

$$w_{NaCl} = \frac{c_{AgNO_3} \times V_{AgNO_3} \times M_{NaCl} \times 10^{-3}}{m_s \times \dfrac{25.00}{250.0}} \times 100\%$$

例 5 准确称取试样 1.5378g 置于锥形瓶中，用纯化水溶解定容至 250.0mL 容量瓶中，精密量取 25.00mL 上述溶液置于 250mL 锥形瓶中，加纯化水 25mL 振摇使其溶解后加入糊精溶液 5mL、荧光黄指示剂 5 滴，用 0.1072mol/L 的 $AgNO_3$ 标准溶液滴定至粉红色。消耗 $AgNO_3$ 标准溶液 17.50mL，求该粗盐中氯化钠的含量。

解：已知 $m_s = 1.5378g$，$c_{AgNO_3} = 0.1072mol/L$，$V_{AgNO_3} = 17.50mL$，$M_{NaCl} = 58.5g/mol$

$$w_{NaCl} = \frac{c_{AgNO_3} \times V_{AgNO_3} \times M_{NaCl} \times 10^{-3}}{m_s \times \dfrac{25.00}{250.0}} \times 100\% = \frac{0.1072 \times 17.50 \times 58.5 \times 10^{-3}}{1.5378 \times \dfrac{25.00}{250.0}} \times 100\%$$

$$= 71.37\%$$

同步测试

一、名词解释

1. 铬酸钾指示剂法　　2. 铁铵矾指示剂法　　3. 吸附指示剂法

二、单项选择题

1. 铬酸钾指示剂法适用的 pH 范围为(　　)。

A. 4.5~6.5　　B. 6.5~10.5　　C. 6.5~7.5　　D. 5.5~10.5

2. 铬酸钾指示剂法选择的指示剂是(　　)。

A. K_2CrO_4　　B. $K_2Cr_2O_7$　　C. $AgNO_3$　　D. AgCl

3. 吸附指示剂法在开始滴定前，加入的保护胶剂是(　　)。

A. 硝酸　　B. 氯化钠　　C. 糊精　　D. 硝基苯

4. 吸附指示剂法测 Cl^-时，应选择的指示剂是(　　)。

A. 曙红　　B. 铁铵矾　　C. 荧光黄　　D. 二甲基二碘荧光黄

5. 铬酸钾指示剂法，滴定终点的颜色为(　　)。

A. 白色　　B. 砖红色　　C. 黄绿色　　D. 蓝色

6. 下列不干扰铬酸钾指示剂法测定的离子是(　　)。

A. Na^+　　B. Ba^{2+}　　C. CO_3^{2-}　　D. PO_4^{3-}

7. 吸附指示剂是(　　)。

A. 有机弱酸　　B. 无机弱酸　　C. 有机弱碱　　D. 无机弱碱

8. 用吸附指示剂法测定 NaCl 时，终点的颜色为(　　)。

A. 黄绿色　　B. 蓝色　　C. 粉红色　　D. 砖红色

9. 可用于标定 $AgNO_3$标准溶液的基准物质是(　　)。

A. K_2CrO_4　　B. Na_2CO_3　　C. $K_2Cr_2O_7$　　D. NaCl

10. 吸附指示剂在吸附前后产生明显颜色变化的是(　　)。

A. 阳离子　　B. 阴离子　　C. H^+　　D. OH^-

三、填空题

1. 能用于沉淀滴定的反应具备的主要条件是：①沉淀的__________小；②沉淀反应必须__________、__________；③____________________。常用的沉淀滴定法是__________法，可用来测定__________、__________、__________、__________和__________。

2. 莫尔法使用的指示剂是__________，主要适用于测定__________和__________，不适用于__________和__________的测定。

3. 沉淀滴定法中，铁铵矾指示剂测定 Cl^-时，为保护 AgCl 沉淀不被溶解，需加入__________试剂。

4. 吸附指示剂法测定 Cl^-时，在荧光黄指示剂溶液中常加入淀粉，其目的是保护__________，减少凝聚，增加__________。

四、简单题

1. 铬酸钾指示剂法的原理是什么？滴定条件有哪些？

2. 下列情况下测定结果偏低、偏高还是没有影响？为什么？

(1) 用铬酸钾法测定 Cl^-时，指示剂过量。

(2) 用吸附指示剂法测定 Cl^-时，选曙红作为指示剂。

(3) 用吸附指示剂法测定 I^-时，选曙红作为指示剂。

(4) 在 pH=4 时，用铬酸钾法测定 Cl^-的含量。

五、计算题

1. 称取碘化钾试样 1.6520g，溶于水，加曙红指示剂，用 0.05000mol/L $AgNO_3$滴定液滴定，消耗 20.00mL 标准溶液。试计算试样中 KI 的含量。

2. 准确称取 0.2000g 食盐溶于水后，以 K_2CrO_4为指示剂，用 0.1500mol/L $AgNO_3$标准溶液滴定，消耗标准溶液 22.50mL，试计算试样中 NaCl 的含量。

第二篇　分析化学操作技能

第一部分　学生守则

1. 实验前应熟读各种安全规则，并应确知实验室急救药箱、消防器材、救护设备等的位置与使用方法。

2. 实验前要认真做好预习，明确实验目的、要求、原理、步骤以及实验的内容和注意事项。不预习不准做实验。

3. 进实验室时要注意着装规范，保持良好秩序，按实验小组顺序就座，实验时要遵守纪律，不准喧哗，不打闹。

4. 实验开始须首先检查实验用品是否齐全，如发现短缺或损坏，及时向教师报告。

5. 实验过程中，要严格遵循实验步骤，操作要规范，仪器的连接和安装要稳固，取用药品要适量，接通电源、点火加热、接触药品或溶剂时要注意安全。

6. 实验过程中要认真观察实验现象，仔细分析思考，实事求是做实验记录，认真填写好实验报告。要求字迹清楚，数据、曲线、表格应该按规定格式填写、描述。

7. 实验要注意安全，节约用电及实验材料，要爱护室内一切设施和用品，未经允许不得擅自动用，实验时如发现异常现象或仪器损坏等情况后，立即停止实验并及时向教师报告，不得擅自处理。

8. 实验结束时要切断电源、水源、火源等，清洗容器，清理实验用品并摆放整齐，遇有损坏、丢失仪器时应及时报告。废液要倒入废液缸，其他废物扔入垃圾箱，严禁将废液倒入水槽中，不要乱扔垃圾和杂物，要保持实验室的清洁，轮班值日，打扫卫生。经教师检查允许后，方可离开实验室。

9. 实验课后要及时写出实验报告，对失败或漏做的实验要申请重(补)做。

10. 严禁学生在没有老师在场指导之下，私自进入分析实验室，操作实验。

第二部分　实验操作

实训一　分析天平的使用

一、实验目的

1. 了解分析天平的基本构造；
2. 学习分析天平的使用方法；
3. 学会用直接法和减量法称量样品。

二、实验原理

分析天平(图 1)是定量分析中重要而又常用的精密仪器之一。称量方法常用的有直接称量法和减量称量法等。

1. 直接称量法

该法一般用于称量某一不吸水、在空气中性质稳定的固体(如坩埚、金属、矿石等)准确质量。称量时，将被称量物直接放入分析天平中，称出其准确质量。

2. 减量称量法

该法多用于称取易吸水、易氧化或易与 CO_2反应的物质。要求称取物的质量不是一个固定质量，而只要符合一定的质量范围即可。

称量时首先将适量的试样装入称量瓶中，然后放入分析天平中称出其准确质量 m_1。取出称量瓶，移至小烧杯或锥形瓶上方，将称量瓶倾斜，用称量瓶盖轻敲瓶口上部，使试样慢慢落入容器中(图 2)。当倾出的试样已接近所需要的质量，慢慢地将瓶竖起，再用称量瓶盖轻敲瓶口上部，使粘在瓶口的试样落在称量瓶中，然后盖好瓶盖将称量瓶放回天平盘上，称出其质量。如果这时倾出的试样质量不足，则继续按上法倾出，直至合适为止，称得其质量 m_2，如此继续进行，可称取多份试样。两次质量之差即为倾出的试样质量。

图 1

图 2

三、实验仪器与试剂

1. 仪器

分析天平，干燥器(180mm)1 只，称量瓶(25mm×40mm)4 只，烧杯(50 mL)2 个，锥形瓶(250mL)2 个，玻璃棒，药匙，称量纸，长纸条等。

2. 试剂

无水 Na_2CO_3。

四、实验步骤

1. 观察电子天平的结构

观察电子天平的结构，说出各部件的名称和作用

2. 称量前的准备

(1) 清扫　称量前取下天平罩，叠好后放在天平箱右后方的台面上，用软毛刷清扫秤盘。

(2) 检查、调节水平　调整水平调节螺丝使水泡在水平仪中心。

(3) 预热　接通电源，在“OFF”状态下，预热 30min。

(4) 开启显示器　按开关键，在“ON”状态下，天平进行自检，完毕后，显示“0. 0000”，如不是“0. 0000”，则按“去皮”键。

3. 称量

(1) 直接称量法　在分析天平上用此法称出空称量瓶(瓶身+瓶盖)的准确质量，将称量结果记录于表 1 中。

表 1　直接法称量练习结果记录

序号	空称量瓶(瓶身+瓶盖的质量)/g
Ⅰ	
Ⅱ	
Ⅲ	

(2) 减量称量法　用减量称量法称取三份无水 Na_2CO_3，每份 0. 2~0. 3g。

用叠好的纸带(一般宽 1. 5cm，长 15cm)拿取洗净烘干且已装有 Na_2CO_3的带盖称量瓶一只，放于分析天平秤盘中央，待其稳定后读数，再用纸带将称量瓶取出，左手用纸带操作称量瓶，右手用纸带操作称量瓶的盖子，把 250mL 锥形瓶放在台面上，将称量瓶移到烧杯口上部适宜位置，用盖子轻轻敲击倾斜着的称量瓶上口，使称量物慢慢落入烧杯中。估计倾倒出 0. 2~0. 3g 试样后，将称量瓶竖直，仍在烧杯口上部，用称量瓶盖子敲击称量瓶上口，使称量瓶边沿的试样全部落入称量瓶中，然后把称量瓶放回到分析天平，当天平稳定后读数。将称量结果记录于表 2。

表 2　减量法称量练习结果记录

称量瓶和试样的质量/g	试样序号	试样质量/g
m_1 =		
m_2 =	Ⅰ	m_1-m_2 =
m_3 =	Ⅱ	m_2-m_3 =
m_4 =	Ⅲ	m_3-m_4 =

4. 整理天平和善后工作

使用完分析天平后，关上天平，取出称量物，使显示屏读数恢复到“0.0000”。检查天平内外是否清洁，若有脏物，用毛刷清扫干净。关好天平门，罩好天平罩，切断电源，填写天平使用登记簿后方可离开天平室。

五、实验数据记录与处理

（1）直接法称量记录

序号	空称量瓶(瓶身+瓶盖的质量)/g
Ⅰ	
Ⅱ	
Ⅲ	

（2）减量法称量记录

称量瓶和试样的质量/g	试样序号	试样质量/g
$m_1=$		
$m_2=$	Ⅰ	$m_1-m_2=$
$m_3=$	Ⅱ	$m_2-m_3=$
$m_4=$	Ⅲ	$m_3-m_4=$

六、注意事项

1. 严格按上述操作步骤进行。
2. 不得用天平称量热的物品。
3. 药品不得直接放在天平盘中称量，须用容器或称量纸放置后称量。
4. 按钮时不可用力太大。
5. 不得随意改变天平的位置，否则必须重新调水平。
6. 用完后关好并罩好天平、切断电源。

七、思考题

1. 用分析天平称量的方法有哪几种，各有何优缺点？分别在什么情况下使用？
2. 在实验中数据应记录至几位，为什么？

实训二　滴定管、移液管、容量瓶的使用

一、实验目的

1. 熟悉滴定管、移液管、容量瓶的类型和用途。
2. 掌握滴定管、移液管、容量瓶的洗涤方法和基本操作。
3. 掌握判断滴定终点的方法。

二、实验原理

滴定分析实验中测量溶液的体积须用已知容量的量器，主要有滴定管、容量瓶和移液管。滴定分析中的误差主要来源于溶液体积的测定误差，所以熟悉滴定管、移液管、容量瓶的操作方法是获得准确分析结果的重要条件之一。

三、实验仪器与试剂

1. 仪器

刻度吸管(10mL)1 支，移液管(25mL)1 支，容量瓶(100mL)1 只，容量瓶(250mL)1 只，聚四氟乙烯滴定管(25mL)，烧杯(50mL)2 个，锥形瓶(250mL)2 个，洗瓶，玻璃棒，药匙，称量纸，滤纸，洗耳球等。

2. 试剂

铬酸洗液

四、实验步骤

1. 滴定管的使用

滴定管是滴定分析中最基本的量器。常量分析用的滴定管有 50mL 及 25mL 等几种规格，它们的最小分度值为 0. 1mL，读数可估计到 0. 01mL。此外，还有容积为 10mL、5mL、2mL、1mL 的半微量和微量滴定管，最小分度为 0. 05mL、0. 01mL、0. 005mL。它们的形状各异。

根据控制溶液流速的装置不同，滴定管可分为酸式和碱式两种。酸式滴定管的下端装有玻璃活塞，用来盛放酸性或具有氧化性溶液。碱式滴定管的下端用乳胶管连接一个小玻璃管，乳胶管内有一玻璃珠，用以控制溶液的流出。碱式滴定管用来装碱性溶液和无氧化性溶液。

滴定管的使用包括：洗涤、检漏、涂油、排气泡、读数等步骤。

(1) 洗涤　对无明显油污的干净滴定管，可直接用自来水冲洗或用滴定管刷蘸肥皂水或洗涤剂(但不能用去污粉)刷洗，再用自来水冲洗。刷洗时要注意，不用刷头露出铁丝的毛刷，以免划伤滴定管内壁。如有明显油污，则需用洗液浸洗。洗涤时向管内倒入 10mL 左右铬酸洗液(碱式滴定管将乳胶管内玻璃珠向上挤压封住管口或将乳胶管换成乳胶滴头)，再将滴定管逐渐向管口倾斜，并不断旋转，使管壁与洗液充分接触，管口对着废液缸，以防洗液撒出。若油污较重，可装满洗液浸泡，浸泡时间的长短视沾污情况而定。洗毕，洗液应倒回洗瓶中，洗涤后应用大量自来水淋洗，并不断转动滴定管，至流出的水无色，再用去离子水润洗三遍，洗净后的管内壁应均匀地润上一层水膜而不挂水珠。

(2) 检漏　滴定管在使用前必须检查是否漏水。碱式滴定管漏水可更换乳胶管或玻璃珠；酸式滴定管漏水或活塞转动不灵，则应重新涂抹凡士林。其方法是：将滴定管平放于实验台上，取下活塞，用吸水纸擦净或拭干活塞及活塞，再在活塞两侧涂上薄薄一层凡士林，再将活塞平行插入活塞套中，单方向转动活塞，直至活塞转动灵活且外观为均匀透明状态(如图 1 所示)。用橡皮圈套在活塞小头一端的凹槽上，固定活塞，防其滑落打碎。

如遇凡士林堵塞了尖嘴玻璃小孔，可将滴定管装满水，用洗耳球鼓气加压，或将尖嘴浸入热水中，再用洗耳球鼓气，便可以将凡士林排除。

(3) 装溶液和赶气泡　洗净后的滴定管在装液前，应先用待装溶液润洗内壁三次，用量依次为 10mL、5mL、5mL 左右。

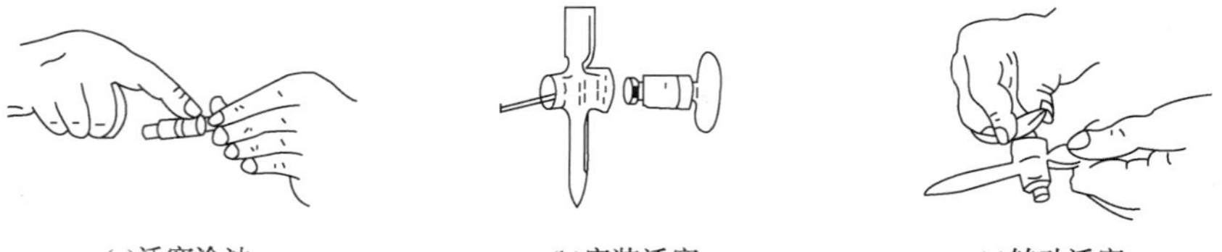

(a)活塞涂油　(b)安装活塞　(c)转动活塞

图 1　酸式滴定管活塞涂油

装入溶液的滴定管，应检查出口下端是否有气泡，如有应及时排除。其方法是：取下滴定管，倾斜成 30°角，对酸式滴定管，可用手迅速打开活塞(反复多次)，使溶液冲出并带走气泡；对碱式滴定管，则将橡皮管向上弯曲，捏起乳胶管使溶液从管口喷出，即可排除气泡(如图 2 所示)。

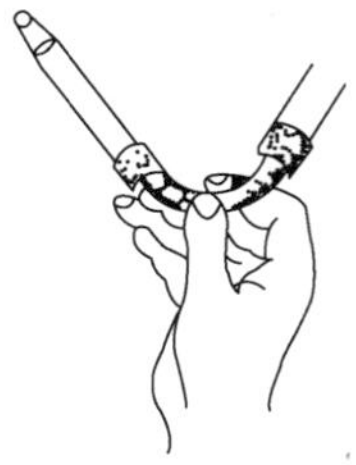

图 2　碱式滴定管排气泡

将排除气泡后的滴定管补加操作溶液到零刻度以上，然后再调整至零刻度线位置。

(4) 读数　读数前，滴定管应垂直静置 1min。读数时，管内壁应无液珠，管出口的尖嘴内应无气泡，尖嘴外应不挂液滴，否则读数不准。读数方法是：取下滴定管用右手大拇指和食指捏住滴定管上部无刻度处，使滴定管保持垂直。并使自己的视线与所读的液面处于同一水平上[如图 3(a)]。不同的滴定管读数方法略有不同。对无色或浅色溶液，有乳白板蓝线衬背的滴定管读数应以两弯月面相交的最尖部分为准[如图 3(b)]。一般滴定管应读取弯月面最低点所对应的刻度。对深色溶液，则一律按液面两侧最高点相切处读取。

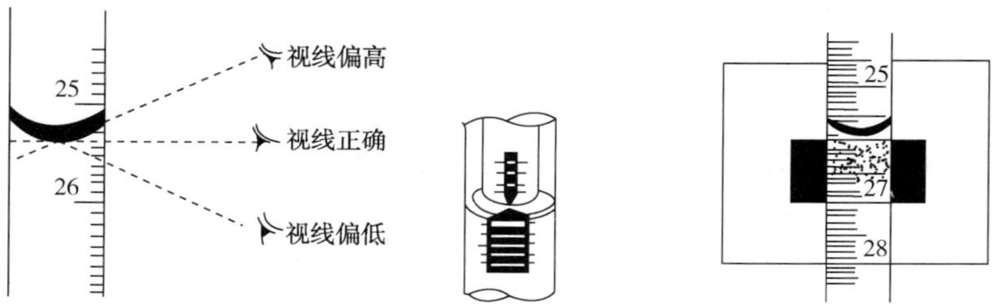

(a)　(b)　(c)

图 3　滴定管读数

对初学者，可使用读数卡，以使弯月面更清晰。读数卡是用贴有黑纸或涂有黑色的长方形(约 3cm×15cm)的白纸板制成。读数卡紧贴在滴定管的后面，把黑色部分放在弯月面下面约 1mm 处，使弯月面的反射层全部成为黑色，读取黑色弯月面的最低点[如图 3(c)]。

(5) 滴定　读取初读数之后，立即将滴定管下端插入锥形瓶(或烧杯)口内约 1cm 处，进行滴定。操作酸式滴定管时，左手拇指与食指跨握滴定管的活塞处，与中指一起控制活塞的转动，如图 4(a)所示。但应注意，不要过于紧张，以免手心用力将活塞从大头推出造成漏水，而应将三手指略向手心回力，以塞紧活塞。操作碱式滴定管时，用左手的拇指与食指捏住玻璃珠外侧的乳胶管向外捏，形成一条缝隙，溶液即可流出，如图 4(b)所示。控制缝隙的大小即可控制流速，但要注意不能使玻璃珠上下移动，更不能捏玻璃珠下部的乳胶管以免产生气泡。滴定时，还应双手配合协调。当左手控制流速时，右手拿住锥型瓶颈，单方向旋转溶液。若用烧杯滴定，则右手持玻璃棒作圆周搅拌溶液，注意玻璃棒不要碰到杯壁和杯底(如图 5 所示)。

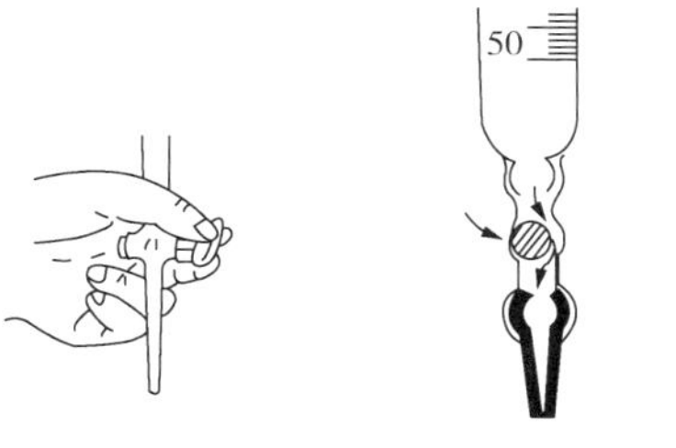

(a)活塞的转动　(b)碱管溶液的流出

图 4　滴定管中溶液的排出

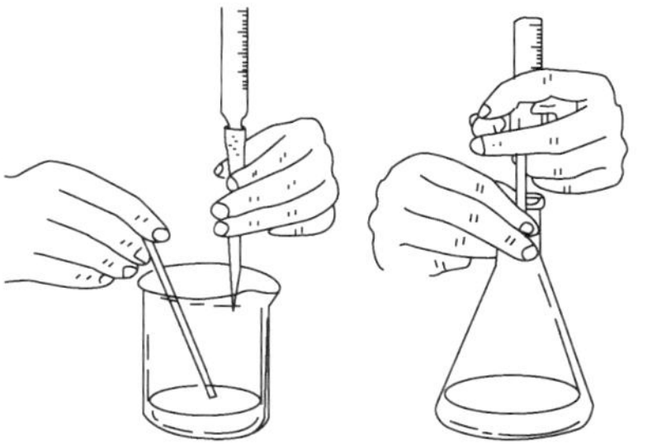

图 5　滴定操作

（6）滴定速度　滴定时速度的控制一般为开始时每秒 3~4 滴；接近终点时，应一滴一滴加入，并不停摇动，仔细观察溶液的颜色变化；也可每次加半滴（加半滴操作，使溶液悬而不滴，让其沿器壁流入容器，再用少量去离子水冲洗内壁，并摇匀），仔细观察溶液的颜色变化，直至滴定终点为止。读取终读数，立即记录。注意：在滴定过程中左手不应离开滴定管，以防流速失控。

（7）平行实验　平行滴定时，应该每次都将初刻度调整到“0”刻度或其附近，这样可减少滴定管刻度的系统误差。

（8）最后整理　滴定完毕，应放出管中剩余溶液，洗净滴定管，装满去离子水，罩上滴定管盖备用。

2. 移液管及其使用

移液管是用来准确移取一定体积溶液的量器，准确度与滴定管相当。移液管有两种，一种中部具有“胖肚”结构，无分刻度，两端细长，只有环行标线，“胖肚”上标有指定温度下的容积。常见的规格为 5mL、10mL、25mL、50mL、100mL 等；另一种是有分刻度的直型玻璃管，又称吸量管或刻度吸量管，管的上端标有指定温度下的总体积。吸量管的容积有 1mL、2mL、5mL、10mL 等，可用来吸取不同容积的溶液，一般只量取小体积的溶液，其准确度比“胖肚”移液管稍差。吸量管有单标线和双标线之分，单标线吸量管为溶液全流出式，双标线吸量管的分刻度不刻到管尖，属于溶液不完全流出式。

移液管的使用，主要包括如下几个方面：

（1）洗涤　移液管使用前也要进行洗涤，洗涤时，先用适当规格的移液管刷，用自来水清洗，若有油污可用洗液洗涤。方法是吸入 1/3 容积铬酸洗液，平放并转动移液管，使洗液润洗内壁，洗毕将洗液放回原瓶，稍后用自来水冲洗，再用去离子水清洗 2~3 次备用。

（2）润洗　洗净后的移液管，在移液前必须用吸水纸吸净尖端内、外的残留水，然后用待取液润洗 2~3 次，以防改变溶液的浓度。洗涤时，当溶液吸至“胖肚”1/4 处，即可封口取出。应注意勿使溶液回流，以免稀释溶液。润洗后将溶液从下端放出。

（3）移液　将润洗好的移液管插入待取溶液的液面下约 1~2cm 处（不能太浅以免吸空，也不能插至容器底部以免吸起沉渣），右手的拇指与中指拿住移液管标线以上部分，左手拿起洗耳球，排出洗耳球内的空气，将洗耳球尖端插入移液管上端，并封紧移液管口，逐步松开洗耳球，以吸取溶液[见图 6(a)]。当液面上升至标线以上时，拿掉洗耳球，立即用食指堵上管口，将移液管提出液面，倾斜容器，稍待片刻，以除去管外壁的溶液，然后微微松动食指，并用拇指和中指慢慢转动移液管，使液面缓慢下降，直到溶液的弯月面与标线相切。此时，应用食指按紧管口，使液体不再流出。小心把移液管移入接受溶液的容器，使移液管的下端与容器内壁上端接触[见图 6(b)]。松开食指，让溶液自由流下，当溶液流尽后，再停 15s，并将移液管向左右转动一下，取出移液管。注意，除标有“吹”字样移液管外，不要把残留在管尖的液体吹出，因为在校准移液管容积时，没有算上这部分液体。具有双标线的移液管，放溶液时应注意下标线。

3. 容量瓶及其使用

在配制标准溶液或将溶液稀释至一定浓度时，我们往往要使用容量瓶。容量瓶的外形是一平底、细颈梨型瓶，瓶口带有磨口玻璃塞或塑料塞。颈上有环型标线，瓶体标有体积，一般表示 20℃时液体充满至刻度时的容积。常见的有 10mL、25mL、50mL、100mL、250mL、500mL 和 1000mL 等各种规格。此外还有 1mL、2mL、5mL 的小容量瓶，但用得较少。

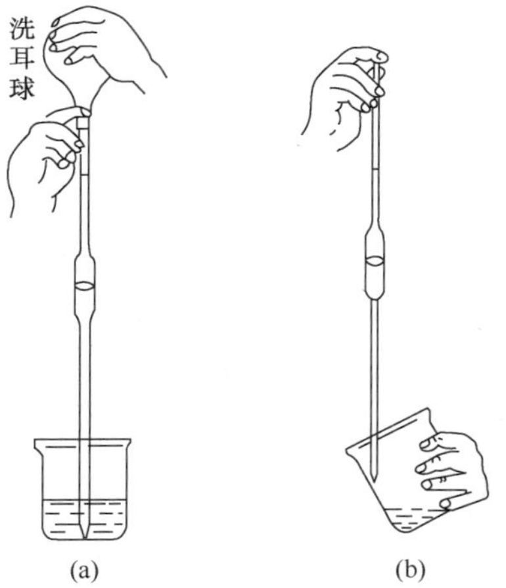

图 6　移液管的使用

容量瓶的使用，主要包括如下几个方面：

（1）检查　使用容量瓶前应先检查其标线是否离瓶口太近，如果太近则不利于溶液混合，故不宜使用。另外还必须检查瓶口是否漏水。检查时加自来水近刻度，盖好瓶塞用左手食指按住，同时用右手五指托住瓶底边沿（如图 7 所示），将瓶倒立 2min，如不漏水，将瓶直立，把瓶塞转动 180°，再倒立 2min，若仍不漏水即可使用。

（2）洗涤　可先用自来水冲洗，洗后，如内壁有油污，则应倒尽残水，加入适量的铬酸洗液（250mL 规格的容量瓶可倒入 10～20mL），倾斜转动，使洗液充分润洗内壁，再倒回原洗液瓶中，用自来水冲洗干净后，再用纯化水润洗 2～3 次备用。

（3）用于配制溶液　将准确称量好的药品，倒入干净的小烧杯中，加入少量溶剂将其完全溶解后再转移至容量瓶中。注意，如使用非水溶剂则小烧杯及容量瓶都应事先用该溶剂润洗 2～3 次。定量转移时，右手持玻璃棒悬空放入容量瓶内，玻璃棒下端靠在瓶颈内壁（但不能与瓶口接触），左手拿烧杯，烧杯嘴紧靠玻璃棒，使溶液沿玻璃棒流入瓶内沿壁而下（如图 8 所示）。烧杯中溶液流完后，将烧杯嘴沿玻璃棒上提，同时使烧杯直立。将玻璃棒取出放入烧杯内，用少量溶剂冲洗玻璃棒和烧杯内壁，也同样转移到容量瓶中。如此重复操作 3 次以上。然后补充溶剂，当容量瓶中溶液体积至 3/4 左右时，可初步摇荡混匀。再继续加溶剂至近标线，最后改用滴管逐滴加入，直到溶液的弯月面恰好与标线相切。若为热溶液应冷至室温后，再加溶剂至标线。盖上瓶塞，按图 7 所示将容量瓶倒置，待气泡上升至底部，再倒转过来，待气泡上升到顶部，如此反复 10 次以上，使溶液混匀。

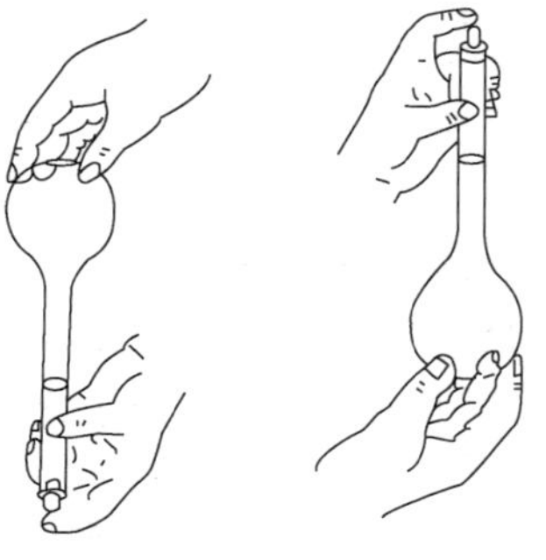
图 7　容量瓶的检查

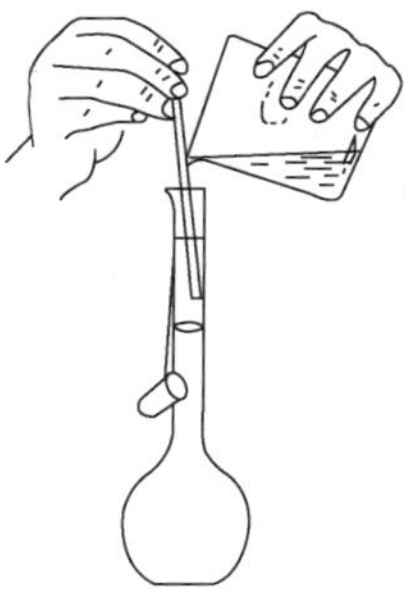
图 8　溶液转入容量瓶的操作

（4）用于稀释溶液　用移液管移取一定量体积的浓溶液于容量瓶中，加水至标线，混均匀即可。

（5）注意事项　容量瓶不宜长期贮存试剂，配好的溶液需要长期保存时，应转入试剂瓶中。转移前要用该溶液润洗试剂瓶三遍。用过的容量瓶，应立即用水洗净备用。如长期不用容量瓶时，要把磨口和瓶塞擦干，用纸片将其隔开。此外容量瓶不能在电炉、烘箱中烘烤，如必须干燥，可先用乙醇等有机物润洗后，再用电吹风或烘干机的冷风吹干。

4. 容量器皿的校准

容量器皿的实际容积与其所标示的容积往往不完全相符，而且通常的容器校正以20℃为标准，但使用时的温度不一定是20℃，温度改变时，容器的容积及溶液的体积都将发生改变，因此，精密分析时需进行容量器皿的校准。容器校准时，根据具体情况可采用相对校准和称量校准。

（1）相对校准　在实际工作中，容量瓶和移液管常常是配合使用的。例如，要用25mL移液管从250mL容量瓶中取1/10容积的液体，则移液管与容量瓶的容积比只要1∶10就行了。此时，可采用相对校准的方法。其步骤如下：使用移液管准确移取25mL去离子水，放入已洗净、干燥的250mL容量瓶中。重复移取10次后，观察溶液的弯月面是否与标准线正好相切，否则，应另做一标号。相对校准后的容量瓶和移液管，应贴上标签，以便以后更好地配套使用。

（2）称量校准　滴定管、容量瓶、移液管的实际容积往往采用称量校准方法。原理为：称取量器中所放出或所容纳 H_2O 的质量，并根据该温度下 H_2O 的密度，计算出该量器在20℃（玻璃量器的标准温度）时的容积。但是，由质量换算成容积时必须考虑 H_2O 的密度、空气浮力、玻璃的膨胀系数三个方面的影响。为了方便起见，表1列出了三个因素综合校准后的换算系数。根据表中换算系数(f)，用下式即可算出某一温度(t)下一定质量(m)的纯 H_2O 在20℃时所占的实际容积(V)：

$$V=f\times m$$

例如，校准移液管时，在15℃称得纯 H_2O 质量为24.94g，查表得15℃时的综合换算系数为1.0021，由此算得它在20℃时的实际体积为：

$$V=1.0021\times24.94=24.99\text{mL}$$

表1　在不同温度下纯 H_2O 体积的综合换算系数(f)

t/℃	f/(mL/g)	t/℃	f/(mL/g)	t/℃	f/(mL/g)	t/℃	f/(mL/g)
0	1.00176	11	1.00168	22	1.00321	33	1.00599
1	1.00168	12	1.00177	23	1.00341	34	1.00629
2	1.00161	13	1.00186	24	1.00363	35	1.00660
3	1.00156	14	1.00196	25	1.00385	36	1.00693
4	1.00152	15	1.00207	26	1.00409	37	1.00725
5	1.00150	16	1.00221	27	1.00433	38	1.00760
6	1.00149	17	1.00234	28	1.00458	39	1.00794
7	1.00150	18	1.00249	29	1.00484	40	1.00830
8	1.00152	19	1.00265	30	1.00512		
9	1.00156	20	1.00283	31	1.00535		
10	1.00161	21	1.00301	32	1.00569		

f 为不同温度下用纯 H_2O 充满 1L(20℃)玻璃容器时 H_2O 质量的 0.1%倒数，其中

$$1L = 1.000028dm^3。$$

五、思考与讨论

1. 用 25mL 移液管移取溶液，放液结束后，管内下端的残液是否需要吹出？

2. 移液管最后的洗涤液是被移取的溶液，而容量瓶最后的洗涤液是纯化水，两者有什么不同？

实训三　酸碱标准溶液的配制和标定

一、实验目的 实验目的

1. 掌握 HCl 和 NaOH 标准溶液的配制和标定方法。
2. 掌握滴定操作并学会正确判断滴定终点的方法。
3. 巩固天平使用和称量。
4. 掌握标准溶液浓度的计算方法。

二、实验原理

由于浓盐酸容易挥发，固体 NaOH 容易吸收空气中的水分和 CO_2，不能用它们来直接配制具有准确浓度的标准溶液，因此，只能先配制成近似浓度的溶液，然后用基准物质标定它们的准确浓度，或者用另一已知准确浓度的标准溶液滴定该溶液，再根据它们的体积比计算该溶液的准确浓度。

标定 HCl 溶液的基准物质常用的是无水 Na_2CO_3，其反应式如下：

$$Na_2CO_3+2HCl \longrightarrow 2NaCl+CO_2+H_2O$$

滴定至反应完全时，通常选用甲基橙作指示剂，终点颜色由黄色变为橙色。

标定 NaOH 溶液的基准物质常用的是邻苯二甲酸氢钾（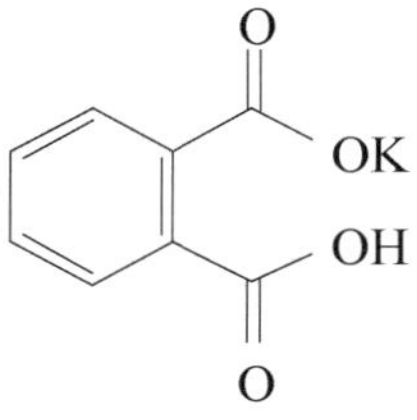 $KHC_8H_4O_4$，缩写为 KHP），其纯度高，稳定，不吸水且具有较大的摩尔质量，是较理想的基准试剂，其反应式如下：

$$KHC_8H_4O_4+NaOH \longrightarrow KNaC_8H_4O_4+H_2O$$

进行标定时，通常选用酚酞作为指示剂，终点颜色由无色变为微红色。

三、实验仪器与试剂

1. 仪器

小烧杯(100mL)、锥形瓶(250mL)、容量瓶(100mL)、玻璃棒、量筒(50mL)、聚四氟乙烯滴定管(25mL)、铁架台、分析天平等。

2. 试剂

浓 HCl(密度 1.19mg/L，约 12mol/L)，无水 Na_2CO_3，NaOH，邻苯二甲酸氢钾(KHP)，甲基橙指示剂(1g/L 水溶液)，酚酞指示剂(10g/L 乙醇溶液)等。

四、实验步骤

1. 0.1mol/L HCl 和 NaOH 溶液配制

通过计算求出配制 250mL HCl 溶液所需浓盐酸体积，然后，用量筒量取此量的浓盐酸，倒入预先盛有适量水的 250mL 锥形瓶中，加水稀释至 250mL，充分摇匀，贮于玻塞细口瓶中，贴上标签。

同样，通过计算求出配制 250mL 0.1mol/L NaOH 溶液所需的固体 NaOH 的量，并迅速称出置于 250mL 锥形瓶中，配制成溶液，充分摇匀，贮于橡皮塞细口瓶中，贴上标签。

2. 0.1mol/L HCl 和 NaOH 溶液的标定

(1) HCl 溶液浓度的标定　准确称取约 0.10g 在 270~300℃ 干燥至恒量的基准无水碳酸钠，置于 250mL 锥形瓶或烧杯中，加 50mL 水，摇动使之溶解，加入 2 滴甲基橙指示剂，溶液即呈黄色，以 0.1mol/L HCl 溶液滴定至溶液由黄色变为橙色，30s 内不褪，即为终点，记下实际消耗的 HCl 溶液的体积，计算 HCl 溶液的准确浓度，平行测定 3 次。

(2) NaOH 溶液浓度的标定　准确称取约 0.40g 在 105~110℃ 干燥至恒量的基准邻苯二甲酸氢钾，置于 250mL 锥形瓶或烧杯中，加 50mL 煮沸后刚刚冷却的水使之溶解，冷却后加入 2 滴酚酞指示剂，用 0.1mol/L NaOH 溶液滴定至呈微红色，30s 内不褪，即为终点，记下实际消耗的 NaOH 溶液的体积，平行测定 3 次。

五、实验数据记录与处理

浓 HCl 的体积 V= ________________ mL

1. 盐酸的标定

测定次数		Ⅰ	Ⅱ	Ⅲ
Na_2CO_3 的质量 m/g	m_1			
	m_2			
	$m=m_1-m_2$			
消耗 HCl 的体积/mL	$V_{始}$			
	$V_{末}$			
	$V_{HCl}=V_{末}-V_{始}$			
c_{HCl}/(mol/L)				
$\bar{c}_{HCl}$/(mol/L)				
绝对偏差 di				
平均偏差 $\bar{d}$				
相对平均偏差 $\overline{Rd}=\frac{\bar{d}}{\bar{x}}\times100\%$				

$$c_{HCl}=\frac{2\times m_{Na_2CO_3}}{V_{HCl}\times M_{Na_2CO_3}}\times10^3$$

式中　c_{HCl}——HCl标准溶液的浓度，mol/L；
$m_{Na_2CO_3}$——称取的Na_2CO_3的质量，g；
V_{HCl}——标定时消耗HCl的体积，mL；
$M_{Na_2CO_3}$——Na_2CO_3的摩尔质量。

2. 氢氧化钠溶液的标定

测定次数		Ⅰ	Ⅱ	Ⅲ
KHP的质量 m/g	m_1			
	m_2			
	$m=m_1-m_2$			
消耗NaOH的体积/mL	$V_{始}$			
	$V_{末}$			
	$V_{NaOH}=V_{末}-V_{始}$			
c_{NaOH}/(mol/L)				
$\bar{c}_{NaOH}$/(mol/L)				
绝对偏差 di				
平均偏差 $\bar{d}$				
相对平均偏差 $\overline{Rd}=\frac{\bar{d}}{\bar{x}}\times100\%$				

$$c_{NaOH}=\frac{m_{KHP}}{V_{NaOH}\times204.2}\times10^3$$

式中　c_{NaOH}——NaOH标准溶液的浓度，mol/L；
m_{KHP}——称取的邻苯二甲酸氢钾的质量，g；
V_{NaOH}——标定时消耗NaOH的体积，mL；
204.2——邻苯二甲酸氢钾的摩尔质量。

六、思考题

1. 溶解基准物$KHC_8H_4O_4$或Na_2CO_3所用水的体积的量度，是否需要准确？为什么？

2. 标定NaOH溶液，可用$KHC_8H_4O_4$为基准物，也可用HCl标准溶液作比较，试比较此两法的优缺点。

实训四　药用碳酸氢钠片中碳酸氢钠含量的测定

一、实验目的

1. 掌握酸碱滴定法测定药物含量的基本方法和有关计算。
2. 巩固滴定分析的基本操作并学会正确判断滴定终点的方法。
3. 掌握实验数据的记录和实验结果表格的设计。

二、实验原理

小苏打片是一种抗酸类的非处方药，一般用来治疗胃酸过多或烧心症状，其主要成分是碳酸氢钠($NaHCO_3$)，碳酸氢钠是两性物质，其含量测定可以用 HCl 标准溶液进行滴定分析，通常选用甲基橙作指示剂，终点颜色由黄色变为橙色。

反应方程式如下：

$$NaHCO_3+HCl \longrightarrow NaCl+H_2O+CO_2\uparrow$$

三、实验仪器与试剂

1. 仪器

烧杯(100mL)，锥形瓶(250mL)，容量瓶(100mL)，玻璃棒，量筒(50mL)，铁架台，分析天平，聚四氟乙烯滴定管(25mL)等。

2. 试剂

HCl 标准溶液，无水 Na_2CO_3，甲基橙指示剂(1g/L 水溶液)，小苏打片等。

四、实验步骤

1. 样品溶液的制备

在天平上准确称取 4~5 片小苏打药片，放入洁净的研钵中加少量水研成糊状，再加入约 20mL 纯化水，用玻璃棒搅拌均匀并转移到洁净的小烧杯中，然后从小烧杯中再转入 250mL 容量瓶中，用约 20mL 纯化水依次淋洗研钵和烧杯各 3 次，所有淋洗液全部并入容量瓶中，每次转移液体时，需使用玻璃棒，让液体顺着玻璃棒流入容量瓶中。最后用纯化水稀释至标线，塞好瓶塞，充分摇匀。

2. 滴定

取一只洁净的聚四氟乙烯滴定管，装入已标定的 HCl 标准溶液，记录滴定管读数(最初读数)。用 25mL 移液管准确吸取 25.00mL 上述样品溶液(吸取前应将溶液摇匀)，置于 250mL 洁净的锥形瓶中，加 2 滴甲基橙指示剂。用 HCl 标准溶液进行滴定，边滴定边摇，直至溶液由黄色恰变橙色，并且 30s 不褪色即达到终点。记录滴定管读数。平行标定三份，三份测定的相对平均偏差应小于 0.2%。

五、实验数据记录与处理

小苏打药片的质量 m_s = ＿＿＿＿＿＿g

测定次数		Ⅰ	Ⅱ	Ⅲ
移取样品溶液的体积/mL		25.00	25.00	25.00
消耗 HCl 的体积/mL	$V_{始}$			
	$V_{末}$			
	$V_{HCl}=V_{末}-V_{始}$			
$\bar{c}_{HCl}$/(mol/L)				
w_{NaHCO_3}/%				
$\bar{w}_{NaHCO_3}$/%				

续表

测定次数		I	II	III
绝对偏差 d_i				
平均偏差 $\bar{d}$				
相对平均偏差 $\overline{Rd}=\frac{\bar{d}}{\bar{x}}\times 100\%$				

按下式计算小苏打片中碳酸氢钠的质量分数：

$$w_{NaHCO_3}=\frac{c_{HCl}\times V_{HCl}\times M_{NaHCO_3}\times 10^{-3}}{m_s\times\frac{25.00}{250.0}}\times 100\%$$

式中 w_{NaHCO_3}——碳酸氢钠的质量分数，%；

c_{HCl}——HCl 标准溶液的浓度，mol/L；

V_{HCl}——HCl 标准溶液的体积，mL；

M_{NaHCO_3}——碳酸氢钠的摩尔质量，84.0；

m_s——小苏打片的称取质量，g。

六、思考题

1. 在进行小苏打中 $NaHCO_3$ 含量测定时，加入甲基橙指示剂后，为什么接近计量点时应剧烈振摇溶液？
2. 为什么每次实验都要平行测定三次？

实训五　药用硼砂含量的测定

一、实验目的

1. 掌握酸碱滴定的基本原理和含量测定的方法。
2. 掌握甲基红指示剂的滴定终点的判定。
3. 掌握含量的计算方法。

二、实验原理

硼砂（$Na_2B_4O_7\cdot 10H_2O$）是四硼砂的钠盐，因为硼砂是弱酸（$K_{a1}=5.8\times 10^{-10}$），所以可用 HCl 标准溶液直接滴定。在计量点前，溶液的酸度很弱，计量点后，盐酸稍过量时溶液 pH 值急剧下降，形成突跃。反应式如下：

$$2HCl+Na_2B_4O_7+5H_2O\longrightarrow 2NaCl+4H_3BO_3$$

计量点时 pH=5.1，可选用甲基红（变色范围 4.4~6.2）为指示剂。

硼砂在医药上应用广泛，有杀菌作用，但口服对人有害。经提炼精制后可作清热解毒药，性凉、味甘咸，可治咽喉肿痛、牙痈、口疮、目生翳障等症。

三、实验仪器与试剂

1. 仪器

烧杯(100mL)，锥形瓶(250mL)，容量瓶(100mL)，玻璃棒，量筒(50mL)，铁架台，分析天平，聚四氟乙烯滴定管(25mL)等。

2. 试剂

HCl 标准溶液，硼砂，甲基红指示剂(1g/L 乙醇溶液)等。

四、实验步骤

准确称取硼砂试样约 0.4g 于锥形瓶中，加水 50mL 使溶解，加 2 滴 0.1% 甲基红指示剂，用已标定的 HCl 标准溶液滴至溶液由黄色变橙色，30s 内不褪色，即为终点，记下实际消耗的 HCl 溶液的体积，平行标定三份，三份测定的相对平均偏差应小于 0.2%。

五、数据记录与处理

测定次数		Ⅰ	Ⅱ	Ⅲ
硼砂的质量 m_s/g	m_1			
	m_2			
	$m_s = m_1 - m_2$			
消耗 HCl 的体积/mL	$V_{始}$			
	$V_{末}$			
	$V_{HCl} = V_{末} - V_{始}$			
$\bar{c}_{HCl}$/(mol/L)				
$w_{Na_2B_4O_7 \cdot 10H_2O}$/%				
绝对偏差 di				
平均偏差 $\bar{d}$				
相对平均偏差 $\overline{Rd} = \frac{\bar{d}}{\bar{x}} \times 100\%$				

按下式计算 $Na_2B_4O_7 \cdot 10H_2O$ 的质量分数：

$$w_{Na_2B_4O_7 \cdot 10H_2O} = \frac{c_{HCl} \times V_{HCl} \times M_{Na_2B_4O_7 \cdot 10H_2O} \times 10^{-3}}{2 \times m_s} \times 100\%$$

式中 $w_{Na_2B_4O_7 \cdot 10H_2O}$——碳酸氢钠的质量分数,%；

c_{HCl}——HCl 标准溶液的浓度，mol/L；

V_{HCl}——HCl 标准溶液的体积，mL；

$M_{Na_2B_4O_7 \cdot 10H_2O}$——碳酸氢钠的摩尔质量，381.36；

m_s——硼砂的称取质量，g。

六、思考题

1. 酸碱滴定中，哪些盐类可用直接法进行滴定？
2. 用 HCl 标准溶液滴定硼砂的实验中，能用甲基橙指示终点吗？

实训六　白醋中醋酸含量的测定

一、实验目的

1. 掌握酸碱滴定的基本原理和含量测定的方法。
2. 巩固滴定分析的基本操作并学会正确判断滴定终点的方法。
3. 掌握含量的计算方法。

二、实验原理

白醋的主要组分是醋酸，此外还含有少量其他有机酸，如乳酸等。醋酸为弱酸，其电离常数 $K_a=1.8\times10^{-5}$。凡是 $K_a>10^{-8}$ 的一元弱酸，均可被强碱准确滴定。因此本实验用 NaOH 标准溶液滴定食用醋，可测出酸的含量，可以用酚酞作指示剂，终点颜色由无色变为微红色。食醋中醋酸含量一般为 ≥3.5%，浓度较大，且有一定的色泽，滴定前应稀释，便于终点颜色的判断。

反应方程式如下：

$$NaOH+CH_3COOH \longrightarrow CH_3COONa+H_2O$$

三、实验仪器与试剂与试剂

1. 仪器

烧杯(100mL)，锥形瓶(250mL)，容量瓶(100mL)，玻璃棒，量筒(50mL)，铁架台，分析天平，聚四氟乙烯滴定管(25mL)等。

2. 试剂

NaOH、邻苯二甲酸氢钾(KHP)、酚酞指示剂(1g/L 乙醇溶液)、白醋等。

四、实验步骤

1. 样品溶液的制备

准确吸取 25.00mL 食用醋置于 250mL 容量瓶中，用新煮沸后冷却的纯化水(不含二氧化碳)定容，充分混匀，备用。

2. 滴定

从上述溶液中准确吸取 25.00mL 置于锥形瓶中(吸取前应将溶液摇匀)，加入 2 滴酚酞指示剂，用已标定的 NaOH 标准溶液滴定至呈微红色，30s 内不褪色，即为终点，记下实际消耗的 NaOH 溶液的体积。平行标定三份，三份测定的相对平均偏差应小于 0.2%。

五、实验数据记录与处理

测定次数		Ⅰ	Ⅱ	Ⅲ
移取样品溶液的体积/mL		25.00	25.00	25.00
消耗 NaOH 的体积/mL	$V_{始}$			
	$V_{末}$			
	$V_{NaOH}=V_{末}-V_{始}$			
$\bar{c}_{NaOH}$/(mol/L)				
X_{CH_3COOH}/(g/100mL)				
$\bar{X}_{CH_3COOH}$/(g/mol/L)				
绝对偏差 di				
平均偏差 $\bar{d}$				
相对平均偏差 $\overline{Rd}=\frac{\bar{d}}{\bar{x}}\times100\%$				

按下式计算白醋中醋酸的含量(g/100mL)：

$$X_{CH_3COOH}=\frac{c_{NaOH}V_{NaOH}M_{CH_3COOH}\times10^{-3}}{25.00\times\frac{25.00}{250.0}}\times100$$

式中 X_{CH_3COOH}——CH_3COOH 的含量，g/100mL；

c_{NaOH}——NaOH 标准溶液的浓度，mol/L；

V_{NaOH}——NaOH 标准溶液的体积，mL；

M_{CH_3COOH}——CH_3COOH 的摩尔质量，60.0。

六、思考题

1. 在进行食醋中醋酸含量测定时，加入酚酞指示剂的依据是什么？
2. 实验所用的纯化水不能有二氧化碳的原因是什么？

实训七　阿司匹林中乙酰水杨酸的含量测定

一、实验目的

1. 掌握酸碱滴定法测定药物含量的基本方法和有关计算。
2. 学习阿司匹林药片中乙酰水杨酸含量的测定。
3. 巩固酸碱滴定分析的基本操作。

二、实验原理

阿司匹林的主要成分是乙酰水杨酸。乙酰水杨酸是有机弱酸($K_a=1\times10^{-3}$)，结构式

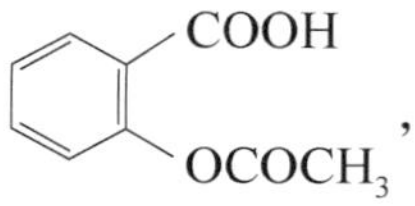

，微溶于水，易溶于乙醇。在强碱性溶液中溶解并水解为水杨酸和乙酸盐，反应式如下：

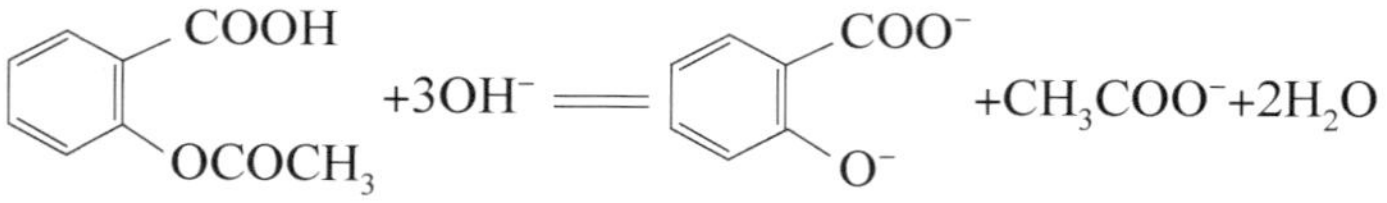

由于药片中一般都添加一定量的赋形剂如硬脂酸镁、淀粉等不溶物，不宜直接滴定，可采用返滴定法进行测定。将药片研磨成粉末状后加入过量的 NaOH 标准溶液，加热一段时间使乙酰基水解完全，再用 HCl 标准溶液回滴过量的 NaOH，滴定至溶液由红色变为接近无色即为终点。在这一滴定反应中，1mol 乙酰水杨酸消耗 2mol NaOH。

三、实验仪器与试剂

1. 仪器

烧杯(100mL)，锥形瓶(250mL)，玻璃棒，量筒(50mL)，铁架台，分析天平，聚四氟乙烯滴定管(25mL)等。

2. 试剂

NaOH 标准溶液、HCl 标准溶液、酚酞指示剂(1g/L 乙醇溶液)、阿司匹林药片等。

四、实验步骤

将阿司匹林药片研成粉末后，准确称量约 0.3g 左右药粉，于 250mL 锥形瓶中，用移液管准确加入 25.00mL 已标定 0.1mol/L NaOH 标准溶液，加入 30mL 纯化水，盖上表面皿，轻摇几下，水浴加热 15min，迅速用流水冷却，加入 2～3 滴酚酞指示剂，用 0.1mol/L HCl 标准溶液滴定至终点。平行测定三次，根据所消耗的 HCl 溶液的体积按下式计算药片中乙酰水杨酸的质量分数。

五、数据记录与处理

测定次数		Ⅰ	Ⅱ	Ⅲ
阿司匹林的质量 m_s/g	m_1			
	m_2			
	$m_s=m_1-m_2$			
消耗 HCl 的体积/mL	$V_{始}$			
	$V_{末}$			
	$V_{HCl}=V_{末}-V_{始}$			
$\bar{c}_{HCl}$/(mol/L)				
$\bar{c}_{NaOH}$/(mol/L)				
$w_{C_9H_8O_4}$/%				
绝对偏差 d_i				

续表

测定次数	Ⅰ	Ⅱ	Ⅲ
平均偏差 $\bar{d}$			
相对平均偏差 $\overline{Rd}=\frac{\bar{d}}{\bar{x}}\times100\%$			

按下式计算 $C_9H_8O_4$ 的质量分数：

$$w_{C_9H_8O_4}=\frac{1}{2}\times\frac{(c_{NaOH}V_{NaOH}-c_{HCl}V_{HCl})\times M_{C_9H_8O_4}\times10^{-3}}{m_s}\times100\%$$

式中 $w_{C_9H_8O_4}$——阿司匹林的质量分数,%；

c_{NaOH}——NaOH 标准溶液的浓度，mol/L；

V_{NaOH}——25.00mL；

c_{HCl}——HCl 标准溶液的浓度，mol/L；

V_{HCl}——HCl 标准溶液的体积，mL；

$M_{C_9H_8O_4}$——碳酸氢钠的摩尔质量，180.16；

m_s——阿司匹林的称取质量，g。

六、思考题

1. 在测定药粉的实验中，为什么 1mol 乙酰水杨酸消耗 2mol NaOH，而不是 3mol NaOH？回滴后的溶液中，水解产物的存在形式是什么？

2. 若测定的是乙酰水杨酸的纯品(晶体)，可否采用直接滴定法？

实训八 EDTA 标准溶液的配制和标定及样品中钙含量测定

一、实验目的

1. 掌握 EDTA 标准溶液的配制和标定的原理及方法。
2. 掌握络合滴定的原理、特点及应用。
3. 熟悉金属指示剂的使用及其终点的变化。

二、实验原理

乙二胺四乙酸(简称 EDTA，常用 H_4Y 表示)是一种很好的氨羧络合剂，它能和许多种金属离子生成很稳定的络合物，而且是与金属离子 1:1 配位，所以广泛用来滴定金属离子，反应简写如下：

$$M+Y\longrightarrow MY$$

但 EDTA 难溶于水，常温下其溶解度为 0.2g/L，在分析中不适用，通常使用其二钠盐配制标准溶液。乙二胺四乙酸二钠盐的溶解度为 120g/L，可配成 0.3mol/L 以上的溶液，其水溶液 pH=4.8，通常采用间接法配制标准溶液。

标定 EDTA 溶液常用的基准物有 Zn、ZnO、$CaCO_3$ 等。通常选用其中与被测组分相同的物质作基准物，这样滴定条件较一致。EDTA溶液若用于测定石灰石或白云石中CaO、MgO的含量，则宜用$CaCO_3$为基准物。首先可加HCl溶液使之溶解，其反应如下：

$$CaCO_3+2HCl \longrightarrow CaCl_2+H_2O+CO_2\uparrow$$

然后把溶液转移到容量瓶中并稀释，制成钙标准溶液。吸取一定量钙标准溶液，调节酸度至pH≥12，用钙指示剂作指示剂以EDTA滴定至溶液从酒红色变为纯蓝色，即为终点。根据EDTA的用量可确定样品溶液中钙的含量。

三、实验仪器与试剂

1. 仪器

烧杯（100mL），锥形瓶（250mL），容量瓶（100mL），玻璃棒，量筒（50mL），铁架台，分析天平，聚四氟乙烯滴定管（25mL），瓷坩埚，高温电炉等。

2. 试剂

乙二胺四乙酸二钠（EDTA，固体，AR）、$CaCO_3$（固体，AR或GR）、氨水（1∶1）、镁溶液（溶解1g $MgSO_4\cdot 7H_2O$于水中，稀释至200mL）、HCl溶液（6mol/L）、NaOH溶液（10%溶液）、钙指示剂（0.1g钙指示剂溶于100mL 1∶1酒精中）、0.05mol/L柠檬酸钠溶液（1.47g $Na_3C_6H_5O_7\cdot 2H_2O$配制成100mL水溶液）、1% KCN溶液（1g KCN配制或100mL水溶液）、虾皮、钙片等。

四、实验步骤

1. 0.01mol/L EDTA溶液的配制

称取乙二胺四乙酸二钠0.93g，溶解于30～40mL温水中，稀释至250mL，如混浊，应过滤后使用，置于试剂瓶中，摇匀，贴上标签，注明试剂名称、配制日期、配制人。

2. 以$CaCO_3$为基准物标定EDTA溶液

（1）0.01mol/L钙标准溶液的配制　置$CaCO_3$基准物于称量瓶中，在110℃干燥2h，冷却后，准确称取0.25～0.30g $CaCO_3$于250mL烧杯中，盖上表面皿，加水润湿，再从杯嘴边逐滴加入6mol/L HCl溶液淋洗入杯中，待冷却后转移至250mL容量瓶中，用纯化水稀释至刻度，摇匀，待用。

（2）用钙标准溶液标定EDTA溶液　用移液管准确移取25.00mL标准钙溶液于250mL锥形瓶中，1mL镁溶液，5mL 10% NaOH溶液及约2～3滴钙指示剂，摇匀后，立即用EDTA溶液滴定至溶液从酒红色变为蓝色，即为终点。记下所消耗的EDTA溶液的体积，根据消耗的EDTA溶液的体积，计算其浓度，平行测定3次。

3. 样品中钙含量测定

（1）样品处理

a）虾皮。准确称取均匀样品0.5～1g置于瓷坩埚中，在电炉上小火炭化至无烟，移入550～600℃高温电炉中炭化，直至灰白色为止（必要时可在样品中加入浓硝酸湿润后再炭化）。取出，待冷却后加入6mol/L HCl 5mL，加热溶解灰分，然后移入100mL容量瓶中，用水洗瓷坩埚数次，并入容量瓶，加水至刻度，摇匀。

b）钙片。准确称取钙片2～3片，研细，加少量6mol/L HCl使其溶解，再加入20～30mL纯化水溶解混匀，转移至100mL容量瓶中，加水至刻度，摇匀。

（2）滴定　准确移取处理液10.00mL放入250mL的锥形瓶中，加纯化水20mL，用NaOH溶液调pH至中性，加1% KCN溶液1滴，0.05mol/L柠檬酸钠2滴（柠檬酸钠除去Fe

的干扰)，10% NaOH 溶液 5mL，钙指示剂 2~3 滴，再以已标定的 0.01mol/L 的 EDTA 标准溶液滴定酒红色变为纯蓝色为终点。记录所消耗的 EDTA 溶液的体积，平行测定 3 次，同时以纯化水作空白对照。

五、实验数据记录和处理

m_{EDTA} = ________g

测定次数		I	II	III
移取 $CaCO_3$ 溶液的体积/mL		25.00	25.00	25.00
消耗 EDTA 的体积/mL	$V_{始}$			
	$V_{末}$			
	$V_{NaOH}=V_{末}-V_{始}$			
c_{EDTA}/(mol/L)				
$\bar{c}_{EDTA}$/(mol/L)				
绝对偏差 di				
平均偏差 $\bar{d}$				
相对平均偏差 $\overline{Rd}=\frac{\bar{d}}{\bar{x}}\times100\%$				

EDTA 标准溶液的浓度可按下式计算：

$$c_{EDTA}=\frac{m_{CaCO_3}\times\frac{25.00}{250.0}}{V_{EDTA}\times M_{CaCO_3}}\times10^3$$

式中 c_{EDTA}——EDTA 标准溶液的浓度，mol/L；

V_{EDTA}——EDTA 标准溶液的体积，mL；

m_{CaCO_3}——称取的 $CaCO_3$ 的质量，g；

M_{CaCO_3}——$CaCO_3$ 的摩尔质量，100.0。

样品质量 m_s = ________g

测定次数		I	II	III
移取样品溶液的体积/mL		25.00	25.00	25.00
消耗 EDTA 的体积/mL	$V_{始}$			
	$V_{末}$			
	$V_{NaOH}=V_{末}-V_{始}$			
$\bar{c}_{EDTA}$/(mol/L)				
X_{Ca}/(mg/100g)				
$\bar{X}_{Ca}$/(mg/100g)				
绝对偏差 di				
平均偏差 $\bar{d}$				
相对平均偏差 $\overline{Rd}=\frac{\bar{d}}{\bar{x}}\times100\%$				

样品中 Ca 的含量可按下式计算：

$$X_{Ca}=\frac{c_{EDTA}\times(V_{EDTA}-V_0)\times M_{Ca}}{m_s\times\frac{10.00}{100.0}}$$

式中 X_{Ca}——Ca 的含量，mg/100g；

c_{EDTA}——EDTA 标准溶液的浓度，mol/L；

V_{EDTA}——EDTA 标准溶液的体积，mL；

V_0——空白 EDTA 标准溶液的体积，mL；

M_{Ca}——Ca 的摩尔质量，40.0。

六、思考题

1. 为什么通常使用乙二胺四乙酸二钠盐配制 EDTA 标准溶液，而不用乙二胺四乙酸？
2. 以 $CaCO_3$ 为基准物标定 EDTA 溶液时，加入镁溶液的目的是什么？
3. 在样品处理中，加入柠檬酸钠溶液的目的是什么？

实训九　自来水总硬度测定和钙镁含量测定

一、实验目的

1. 掌握水中总硬度的测定方法和原理。
2. 学会用配位滴定法测定水中钙、镁含量的原理和方法。
3. 掌握金属指示剂的使用条件和终点变化。

二、实验原理

水的硬度主要是指水中含可溶性的钙盐和镁盐。总硬度通常以每升水中含的碳酸钙的毫克数，即 mg/L；钙硬度即每 1L 水中含的钙离子的毫克数，mg/L；镁硬度即每 1L 水中含的镁离子的毫克数，mg/L。

水中钙、镁离子的含量，可用 EDTA 法测定。钙硬度测定原理与 $CaCO_3$ 为基准物标定 EDTA 标准溶液浓度相同。总硬度则以 NH_3-NH_4Cl 缓冲溶液控制溶液 pH = 10，铬黑 T 为指示剂，用 EDTA 滴定水样。由 EDTA 溶液的浓度和用量，可计算出水的总硬度，由总硬度减去钙硬度即为镁硬度。

三、实验仪器与试剂

1. 仪器

烧杯（100mL），锥形瓶（250mL），容量瓶（100mL），玻璃棒，量筒（100mL），移液管（5mL），铁架台，分析天平，聚四氟乙烯滴定管（25mL）等。

2. 试剂

0.01mol/L EDTA 溶液、NH_3-NH_4Cl 缓冲溶液、2mol/L 的 NaOH 溶液、钙指示剂、铬黑 T 指示剂等。

四、实验步骤

1. 水的总硬度测定

量取 100.0mL 的水样，放入 250mL 锥形瓶中，加 5mL NH_3-NH_4Cl 缓冲溶液，摇匀，调节溶液的 pH 至 10，再加入铬黑 T 为指示剂 2～3 滴，摇匀，此时溶液呈酒红色，用 0.01mol/LEDTA 标准溶液滴至纯蓝色，即为终点。平行测定 3 次。

2. 钙硬度测定

再取 100.0mL 水样，放入 250mL 锥形瓶中，加入 5mL 2mol/L NaOH 溶液，摇匀，再加入 2～3 滴钙指示剂，再摇匀，此时溶液呈淡红色，用 0.01mol/L EDTA 标准溶液滴至纯蓝色，即为终点。平行测定 3 次。

3. 镁硬度的测定

由总硬度减去钙硬度即为镁硬度。

五、实验数据记录和处理

总硬度测定

测定次数		Ⅰ	Ⅱ	Ⅲ
移取 H_2O 的体积/mL		100.0	100.0	100.0
消耗 EDTA 的体积/mL	$V_{始}$			
	$V_{末}$			
	$V_{NaOH}=V_{末}-V_{始}$			
$\bar{c}_{EDTA}$/(mol/L)				
$\rho_{总}$/(mg/L)				
$\bar{\rho}_{总}$/(mg/L)				
绝对偏差 di				
平均偏差 $\bar{d}$				
相对平均偏差 $\overline{Rd}=\frac{\bar{d}}{\bar{x}}\times100\%$				

按照下式计算水的总硬度：

$$总硬度\ \rho_{总}=\frac{c_{EDTA}\times V_{EDTA(总)}\times M_{CaCO_3}}{V_{水}}\times10^3$$

钙硬度、镁硬度的测定

测定次数		Ⅰ	Ⅱ	Ⅲ
移取 H_2O 的体积/mL		100.0	100.0	100.0
消耗 EDTA 的体积/mL	$V_{始}$			
	$V_{末}$			
	$V_{NaOH}=V_{末}-V_{始}$			
c_{EDTA}/(mol/L)				
$\bar{\rho}_{总}$/(mg/L)				

续表

测定次数		I	II	III
ρ_{Ca}/(mg/L)				
$\bar{\rho}_{Ca}$/(mg/L)				
ρ_{Mg}/(mg/L)				
$\bar{\rho}_{Mg}$/(mg/L)				
$c_{Ca^{2+}}$/(mg/L)				
$\bar{c}_{Ca^{2+}}$/(mg/L)				
$c_{Mg^{2+}}$/(mg/L)				
$\bar{c}_{Mg^{2+}}$/(mg/L)				

$$钙硬度=\frac{c_{EDTA}\times V_{EDTA(Ca)}\times M_{CaCO_3}}{V_{水}}\times 10^3$$

$$镁硬度=总硬度-钙硬度$$

$$c_{Ca^{2+}}=\frac{c_{EDTA}\times V_{EDTA(Ca)}\times M_{Ca}}{V_{水}}\times 10^3$$

$$c_{Mg^{2+}}=\frac{c_{EDTA}\times(V_{EDTA(总)}-V_{EDTA(Ca)})\times M_{Mg}}{V_{水}}\times 10^3$$

式中 c_{EDTA}——EDTA 标准溶液的浓度，mol/L；

$V_{EDTA(总)}$——总硬度测定时消耗 EDTA 标准溶液的体积，mL；

$V_{EDTA(Ca)}$——钙硬度测定时消耗 EDTA 标准溶液的体积，mL；

M_{CaCO_3}——$CaCO_3$的摩尔质量，100.0；

M_{Ca}——Ca 的摩尔质量，40.0；

M_{Mg}——Mg 的摩尔质量，24.0；

$V_{水}$——自来水的体积，mL。

六、思考题

1. 水硬度的测定包括哪些内容？如何测定？
2. 测定总硬度时，为什么要控制 pH=10？
3. 测定钙硬度时，为什么加 5mL 2mol/L NaOH 溶液使溶液的 pH=12~13？
4. EDTA 测定 Ca^{2+}、Mg^{2+}时，为什么要加氨性缓冲溶液？

实训十 高锰酸钾标准溶液的配制、标定及双氧水中过氧化氢含量的测定

一、实验目的

1. 掌握高锰酸钾标准溶液的配制和标定方法、反应条件。
2. 了解高锰酸钾标准溶液的保存条件。

3. 掌握自身指示剂的使用及 $KMnO_4$法的应用。

二、实验原理

纯的高锰酸钾溶液是相当稳定的，可用直接法配制。但是一般分析工作中所用的市售高锰酸钾常含有少量的杂质，如硫酸盐、硝酸盐以及氯化物等。此外，高锰酸钾氧化能力强，还易和水中的有机物、空气中的尘埃及氨等还原性物质作用，且高锰酸钾溶液自身易分解，因此常用间接法配制高锰酸钾溶液，然后再用基准试剂标定其准确浓度。

标定高锰酸钾溶液最常用的基准试剂是草酸钠，在硫酸溶液中用草酸钠标定高锰酸钾的反应方程式为：

$$2MnO_4^- + 5C_2O_4^{2-} + 16H^+ \longrightarrow 2Mn^{2+} + 10CO_2\uparrow + 8H_2O$$

滴定时，开始反应时速率较慢，滴入第 1 滴高锰酸钾溶液时溶液的颜色不容易褪去，待 Mn^{2+}生成后，由于 Mn^{2+}的自动催化使反应速率加快，最后以微过量的高锰酸钾本身的颜色粉红色指示终点。

双氧水是医药卫生行业广泛使用的消毒剂，主要成分为 H_2O_2，本身具有强氧化性，但遇到氧化性更强的 $KMnO_4$时，H_2O_2表现出还原性，二者发生的反应如下：

$$2MnO_4^- + 5H_2O_2 + 6H^+ \longrightarrow 2Mn^{2+} + 5O_2\uparrow + 8H_2O$$

三、实验仪器与试剂

1. 仪器

烧杯（100mL），锥形瓶（250mL），容量瓶（100mL），玻璃棒，量筒（100mL、50mL），移液管（10mL、5mL、1mL），铁架台，水浴锅，分析天平，聚四氟乙烯滴定管（25mL）等。

2. 试剂

$KMnO_4$溶液、$Na_2C_2O_4$溶液、H_2SO_4溶液（1∶9）、双氧水等。

四、实验步骤

1. 0. 02mol/L $KMnO_4$溶液的配制

称取 3. 2g 高锰酸钾，溶于 1000mL 水中，缓缓煮沸 15min，冷却，贮于棕色瓶中，于暗处保存 7～10 天。用已经处理过的玻璃砂芯漏斗过滤，待用。

2. 0. 02mol/L $KMnO_4$溶液的标定

准确称取 0. 10g 于 105～110℃ 烘箱中干燥至恒重的基准物质 $Na_2C_2O_4$，于 250mL 锥形瓶中，以 15mL H_2SO_4溶液溶解，加入纯化水 20mL，在水浴中加热至 75～80℃，立即用配制好的 $KMnO_4$溶液滴定至粉红色，且 30s 不褪色为终点，记下消耗的 $KMnO_4$溶液的体积，平行测定 3 次。

3. 双氧水中 H_2O_2含量的测定

（1）样品溶液的处理　准确量取市售的双氧水样品溶液 5mL，置于盛有 30mL 纯化水的 100mL 容量瓶中，加水后稀释至刻度，充分摇匀。

（2）测定　用移液管准确吸取上述试液 25. 00mL，置于一盛有 15mL 稀 H_2SO_4溶液的 250mL 锥形瓶中，混匀，用已标定的 $KMnO_4$标准溶液滴定至粉红色，并保持 30s 不褪色即为终点，记下消耗的 $KMnO_4$溶液的体积，平行测定 3 次。

五、实验数据记录和处理

测定次数		Ⅰ	Ⅱ	Ⅲ
$Na_2C_2O_4$ 的质量 m/g	m_1			
	m_2			
	$m=m_1-m_2$			
消耗 $KMnO_4$ 的体积/mL	$V_{始}$			
	$V_{末}$			
	$V_{HCl}=V_{末}-V_{始}$			
c_{KMnO_4}/(mol/L)				
$\bar{c}_{KMnO_4}$/(mol/L)				
绝对偏差 di				
平均偏差 $\bar{d}$				
相对平均偏差 $\overline{Rd}=\frac{\bar{d}}{\bar{x}}\times100\%$				

$KMnO_4$标准溶液的浓度可按下式计算：

$$c_{KMnO_4}=\frac{2\times m_{Na_2C_2O_4}}{5\times V_{KMnO_4}\times M_{Na_2C_2O_4}}\times10^3$$

式中　c_{KMnO_4}——$KMnO_4$标准溶液的浓度，mol/L；

$m_{NaC_2O_4}$——称取的 $Na_2C_2O_4$的质量，g；

V_{KMnO_4}——标定时消耗 $KMnO_4$的体积，mL；

$M_{NaC_2O_4}$——$Na_2C_2O_4$的摩尔质量，134。

测定次数		Ⅰ	Ⅱ	Ⅲ
移取样液的体积/mL		10.00	10.00	10.00
消耗 $KMnO_4$ 的体积/mL	$V_{始}$			
	$V_{末}$			
	$V_{NaOH}=V_{末}-V_{始}$			
$\bar{c}_{KMnO_4}$/(mol/L)				
$w_{H_2O_2}$/(g/mL)				
$\bar{w}_{H_2O_2}$/(g/mL)				
绝对偏差 di				
平均偏差 $\bar{d}$				
相对平均偏差 $\overline{Rd}=\frac{\bar{d}}{\bar{x}}\times100\%$				

双氧水中 H_2O_2的质量分数可以按下式计算：

$$w_{H_2O_2}=\frac{5}{2}\times\frac{c_{KMnO_4}\times V_{KMnO_4}\times M_{H_2O_2}\times 10^{-3}}{V_s\times\frac{25.00}{100.0}}$$

式中　$w_{H_2O_2}$——双氧水中 H_2O_2 的质量浓度，g/mL；

c_{KMnO_4}——$KMnO_4$ 标准溶液的浓度，mol/L；

V_{KMnO_4}——滴定时消耗 $KMnO_4$ 的体积，mL；

$M_{H_2O_2}$——H_2O_2 的摩尔质量，34.01；

V_s——称取的双氧水的质量，g。

六、思考题

1. 用 $KMnO_4$ 法测定双氧水中 H_2O_2 的含量，为什么要在酸性条件下进行？能否用 HNO_3 或 HCl 代替 H_2SO_4 调节溶液的酸度？

2. 用 $KMnO_4$ 法测定双氧水中 H_2O_2 的含量时，溶液能否用加热的方法提高反应速率？为什么？

3. 为什么本实验要把双氧水稀释后才进行滴定？

实训十一　硫代硫酸钠和碘标准溶液的配制和标定

一、实验目的

1. 掌握 $Na_2S_2O_3$ 及 I_2 溶液的配制、标定方法和保存条件。

2. 掌握直接碘法和间接碘法的测定条件。

二、实验原理

$Na_2S_2O_3$ 不稳定，见光、受热、酸性溶液中易分解，易被氧化，一般都含有少量杂质，所以需间接配制。日光能促进 $Na_2S_2O_3$ 溶液分解，因此 $Na_2S_2O_3$ 溶液应贮存于棕色瓶中，放置暗处，经 8~14d 再标定。

标定是采用间接碘量法。通常用 $K_2Cr_2O_7$ 作基准物来标定。$K_2Cr_2O_7$ 先与过量的 KI，在酸性溶液中定量地完成下列反应：

$$6I^-+Cr_2O_7^{2-}+14H^+\longrightarrow 3I_2+2Cr^{3+}+7H_2O$$

生成的 I_2，立即用 $Na_2S_2O_3$ 溶液滴定。

$$I_2+2S_2O_3^{2-}\longrightarrow 2I^-+S_4O_6^{4-}$$

则化学计量关系：$n_{S_2O_3^{2-}}=2n_{I_2}=6n_{Cr_2O_7^{2-}}$

根据滴定 $Na_2S_2O_3$ 消耗的体积，即可计算出 $Na_2S_2O_3$ 的浓度。

碘量法用的标准溶液主要有 $Na_2S_2O_3$ 和 I_2 标准溶液两种。用升华法可制得纯粹的 I_2，纯 I_2 可用作基准物，用纯 I_2 可按直接法配制标准溶液。如用普通的 I_2 配标准溶液，则应先配成近似浓度，然后再标定。

I_2 微溶于水而易溶于 KI 溶液，但在稀的 KI 溶液中溶解得很慢，所以配制 I_2 溶液时不能过早加水稀释，应先将 I_2 与 KI 混合，用少量水充分研磨，溶解完全后再稀释，而且溶液中维持适当过量的 I^- 离子，以减少 I_2 的挥发。空气能氧化 I^- 离子，在光、热及酸作用下而加速，因此应贮存于棕色瓶中，放置暗处保存。I_2 液具有腐蚀性，应避免与橡皮塞和橡皮管接触。

标定 I_2 溶液浓度的最好的方法是用三氧化二砷（As_2O_3，俗名砒霜，剧毒！）。所以，I_2 溶液浓度一般用 $Na_2S_2O_3$ 标准溶液来标定。

$$I_2+2S_2O_3^{2-} \longrightarrow 2I^-+S_4O_6^{2-}$$

根据滴定 $Na_2S_2O_3$ 标准溶液浓度和消耗的体积与 I_2 溶液的体积，即可计算出 I_2 溶液的浓度。

三、实验仪器与试剂

1. 仪器

烧杯（100mL），碘量瓶（250mL），容量瓶（100mL），玻璃棒，量筒（100mL），移液管（5mL、1mL），铁架台，分析天平，聚四氟乙烯滴定管（25mL）等。

2. 试剂

$Na_2S_2O_3 \cdot 5H_2O$、Na_2CO_3、KI、I_2、可溶性淀粉、$K_2Cr_2O_7$（AR 或基准试剂）、10% KI 溶液、1%淀粉溶液、2mol/L HCl 溶液、1mol/L NaOH 溶液等。

四、实验步骤

1. 0. 1mol/L $Na_2S_2O_3$ 溶液的配制

称取 13g $Na_2S_2O_3 \cdot 5H_2O$ 于 500mL 烧杯中，加入 300mL 新煮沸已冷却的纯化水，待完全溶解后，加入 0. 2gNa_2CO_3，然后用新煮沸已冷却的纯化水稀释至 1L，贮于棕色瓶中，在暗处放置 7～14d 后标定。

2. 0. 05mol/L I_2 溶液的配制

称取 13g I_2 和 40g KI 置于小研钵或小烧杯中，加水少许，研磨或搅拌至 I_2 全部溶解后，转移入棕色瓶中，加水稀释至 1L，塞紧，摇匀后放置过夜再标定。

3. 0. 05mol/L $Na_2S_2O_3$ 溶液浓度的标定

准确称取已烘干的 $K_2Cr_2O_7$ 0. 12～0. 14g 于小烧杯中，加入 30mL 水使之溶解，完全转移至 100mL 容量瓶中，从中准确移取 25. 00mL 置于 250mL 碘量瓶中，再加入 20mL 10%KI 溶液和 5mL 2mol/L HCl 溶液混匀后用表面皿盖好，放在暗处 5min。然后用 25mL 水稀释，用 0. 05mol/L $Na_2S_2O_3$ 溶液滴定到呈浅黄绿色后，加入 1% 淀粉溶液 1mL，继续滴定至蓝色变蓝绿色即为终点。平行测定 3 次。

4. 0. 05mol/L I_2 溶液浓度的标定

准确移取 10. 00mL I_2 溶液置于 250mL 碘量瓶中，加入 50mL 水，用 0. 05mol/L $Na_2S_2O_3$ 滴定到呈浅黄色后，加入 1% 淀粉溶液 1mL，继续滴定至蓝色恰好消失即为终点。平行测定 3 次。

五、实验数据记录和处理

$m_{K_2Cr_2O_7}$(g) = ________

0.05mol/L $Na_2S_2O_3$溶液浓度的标定

测定次数		Ⅰ	Ⅱ	Ⅲ
移取 $K_2Cr_2O_7$溶液的体积/mL		25.00	25.00	25.00
消耗 Na_2SO_3 的体积/mL	$V_{始}$			
	$V_{末}$			
	$V_{NaOH}=V_{末}-V_{始}$			
$c_{Na_2S_2O_3}$/(mol/L)				
$\bar{c}_{Na_2S_2O_3}$/(mol/L)				
绝对偏差 di				
平均偏差 $\bar{d}$				
相对平均偏差 $\overline{Rd}=\frac{\bar{d}}{\bar{x}}\times100\%$				

$Na_2S_2O_3$标准溶液的浓度可按下式计算：

$$c_{Na_2S_2O_3}=\frac{6\times m_{K_2Cr_2O_7}\times\frac{25.00}{100.0}}{M_{K_2Cr_2O_7}\times V_{Na_2S_2O_3}}\times10^3$$

式中 $m_{K_2Cr_2O_7}$——$K_2Cr_2O_7$的质量，g；

$c_{Na_2S_2O_3}$——$Na_2S_2O_3$标准溶液的浓度，mol/L；

$V_{Na_2S_2O_3}$——滴定时消耗 $Na_2S_2O_3$溶液的体积，mL；

$M_{K_2Cr_2O_7}$——$K_2Cr_2O_7$的摩尔质量，294.18。

0.05mol/L I_2溶液浓度的标定

测定次数		Ⅰ	Ⅱ	Ⅲ
移取待标定 I_2溶液的体积/mL		10.00	10.00	10.00
消耗 $Na_2S_2O_3$ 的体积/mL	$V_{始}$			
	$V_{末}$			
	$V_{NaOH}=V_{末}-V_{始}$			
c_{I_2}/(mol/L)				
$\bar{c}_{I_2}$/(mol/L)				
绝对偏差 di				
平均偏差 $\bar{d}$				
相对平均偏差 $\overline{Rd}=\frac{\bar{d}}{\bar{x}}\times100\%$				

I_2标准溶液的浓度可按下式计算：

$$c_{I_2}=\frac{c_{Na_2S_2O_3}\times V_{Na_2S_2O_3}}{2\times10.00}$$

式中　c_{I_2}——I_2标准溶液的平均浓度，mol/L；

$c_{Na_2S_2O_3}$——$Na_2S_2O_3$标准溶液的浓度，mol/L；

$V_{Na_2S_2O_3}$——滴定时消耗 $Na_2S_2O_3$溶液的体积，mL。

六、思考题

1. 用 $K_2Cr_2O_7$作基准物标定 $Na_2S_2O_3$溶液时，为什么要加入过量的 KI 和 HCl 溶液？为什么放置一定时间后才加水稀释？

2. 用 $Na_2S_2O_3$溶液滴定 I_2溶液和用 I_2溶液滴定 $Na_2S_2O_3$溶液时都是用淀粉指示剂，为什么要在不同时候加入？终点颜色变化有何不同？

实训十二　硫酸铜中铜含量测定

一、实验目的

1. 掌握用碘量法测定硫酸铜中铜含量的方法和操作技能。
2. 熟练掌握碘量瓶、滴定管的使用方法。
3. 能正确判断滴定终点。

二、实验原理

二价铜盐与碘化物发生下列反应：

$$2Cu^{2+}+4I^- \longrightarrow 2CuI\downarrow+I_2$$

$$I_2+I^- \longrightarrow I_3^-$$

$$I_2+2S_2O_3^{2-} \longrightarrow 2I^-+S_4O_6^{2-}$$

析出的 I_2再用 $Na_2S_2O_3$标准溶液滴定，由此可以计算出铜的含量。

Cu^{2+}与 I^-反应是可逆的，为了促使反应能趋于完全，必须加入过量的 KI。但是由于 CuI 沉淀强烈地吸附 I_3^- 离子，会使测定结果偏低。

如果加入 KSCN，使 CuI（$K_{sp}=5.06\times10^{-12}$）转化为溶解度更小的 CuSCN（$K_{sp}=4.8\times10^{-15}$）：$CuI+SCN^- \longrightarrow CuSCN\downarrow+I^-$

这样不但可以释放出被吸附的 I_3^- 离子，而且反应时再生出来的 I^-离子可与未反应的 Cu^{2+}离子发生作用。在这种情况下，可以使用较少的 KI 而能使反应进行得更完全。

但是 KSCN 只能在接近终点时加入，否则因为 I_2的量较多，会明显地为 KSCN 所还原而使结果偏低。

$$SCN^-+4I_2+4H_2O \longrightarrow SO_4^{2-}+7I^-+ICN+8H^+$$

为了防止铜盐水解，反应必须在酸性溶液中进行。酸度过低，Cu^{2+}离子氧化 I^-离子的反应进行不完全，结果偏低，而且反应速度慢，终点拖长；酸度过高，则 I^-离子被空气氧化为 I_2的反应为 Cu^{2+}离子催化，使结果偏高。

大量 Cl^-离子能与 Cu^{2+}离子络合，I^-离子不易从 Cu(Ⅱ)的氯络合物中将 Cu(Ⅱ)定量地还原，因此最好用硫酸而不用盐酸(少量盐酸不干扰)。

三、实验仪器与试剂

1. 仪器

烧杯(100mL)，碘量瓶(250mL)，容量瓶(100mL)，玻璃棒，量筒(100mL)，移液管(5mL、1mL)，铁架台，分析天平，聚四氟乙烯滴定管(25mL)等。

2. 试剂

0.05000mol/L $Na_2S_2O_3$标准溶液、1mol/L H_2SO_4溶液、10% KSCN 溶液、10%KI 溶液、1%淀粉溶液、$CuSO_4$试样等。

四、实验步骤

1. 准确称取硫酸铜试样 0.15～0.17g 置于 250mL 碘量瓶中，加入 1mol/L H_2SO_4溶液 3mL 和水 30mL 使之溶解，加入 10% KI 溶液 7～8mL，立即用 $Na_2S_2O_3$标准溶液滴定到呈浅黄色。

2. 然后加入 1%淀粉溶液 1mL，继续滴定到呈浅蓝色。再加入 5mL 10%KSCN 溶液，摇匀后溶液蓝色转深，再继续滴定到蓝色恰好消失为终点，此时溶液为米色 CuSCN 悬浮液。平行测定 3 次。

五、实验数据记录和处理

测定次数		Ⅰ	Ⅱ	Ⅲ
$CuSO_4$的质量 m/g	m_1			
	m_2			
	$m=m_1-m_2$			
消耗 $Na_2S_2O_3$ 的体积/mL	$V_{始}$			
	$V_{末}$			
	$V_{HCl}=V_{末}-V_{始}$			
w_{Cu}/%				
$\overline{w}_{Cu}$/%				
绝对偏差 di				
平均偏差 $\overline{d}$				
相对平均偏差 $\overline{Rd}=\frac{\overline{d}}{\overline{x}}\times100\%$				

硫酸铜的含铜量可按下式计算：

$$w_{Cu}=\frac{c_{Na_2S_2O_3}\times V_{Na_2S_2O_3}\times10^{-3}\times M_{Cu}}{m_s}\times100\%$$

式中 $c_{Na_2S_2O_3}$——$Na_2S_2O_3$标准溶液的浓度，mol/L；

$V_{Na_2S_2O_3}$——滴定时消耗 $Na_2S_2O_3$溶液的体积，mL；

M_{Cu}——Cu 的摩尔质量，64；

m_s——硫酸铜试样的质量，g。

六、思考题

1. 硫酸铜易溶于水，为什么溶解时要加硫酸？
2. 用碘法测定铜含量时，为什么要加入 KSCN 溶液？

实训十三　维生素 C 的测定

一、实验目的

1. 掌握用直接碘量法测定维生素 C 含量的方法和操作技能。
2. 熟悉直接碘量法测定终点的判断，能熟练利用淀粉指示剂确定滴定终点。
3. 掌握计算维生素 C 的含量。

二、实验原理

维生素 C 具有较强的还原性，可与氧化剂 I_2 发生定量反应，维生素 C 与 I_2 的反应如下：

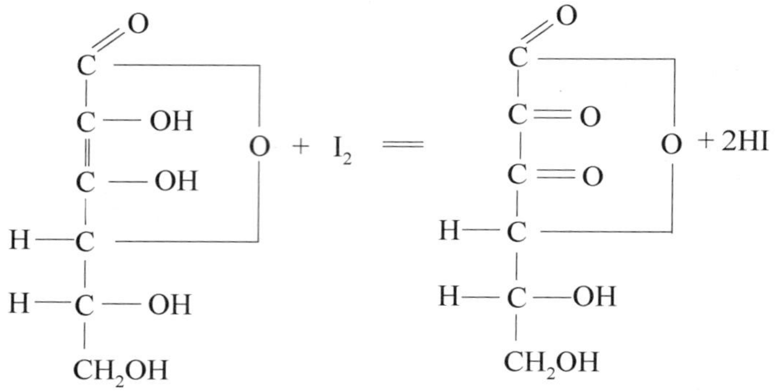

因此用碘标准溶液作滴定剂，淀粉作指示剂，测定样品中维生素 C 的含量。

三、实验仪器与试剂

1. 仪器

烧杯（100mL），碘量瓶（250mL），容量瓶（100mL），玻璃棒，量筒（100mL），移液管（5mL、1mL），铁架台，表面皿，分析天平，聚四氟乙烯滴定管（25mL）等。

2. 试剂

0.05mol/L I_2 标准溶液、稀 HAc 溶液、1%淀粉溶液、果汁等。

四、实验步骤

1. 果汁

吸取 25.00mL 果汁样品于 250mL 碘量瓶中，加入新煮沸放冷的纯化水 50mL 和稀 HAc 溶液 10mL，混匀，再加入 1mL 淀粉指示剂，用 I_2 标准溶液迅速滴定至淡蓝色，保持 30s 不变即为终点，记下消耗的 I_2 标准溶液的体积，平行测定 3 次。

2. 维生素 C 药品

准确称取约 0. 2g 研成粉末的维生素 C 药片，置于 250mL 锥形瓶中，加入 30mL 新煮沸过并冷却的纯化水，2mol/L HAc 10mL，待样品溶解后加 1mL 淀粉指示剂，立即用 I_2标准溶液滴定至出现稳定的浅蓝色，30s 内不褪色即为终点，记下 I_2溶液体积，平行测定 3 次。按下式计算试样中维生素 C 的含量。

五、实验数据记录和处理

测定次数		Ⅰ	Ⅱ	Ⅲ
移取果汁的体积/mL		25. 00	25. 00	25. 00
消耗 I_2 的体积/mL	$V_{始}$			
	$V_{末}$			
	$V_{NaOH}=V_{末}-V_{始}$			
$\bar{c}_{I_2}$/(mol/L)				
w_{VC}/%				
$\bar{w}_{VC}$/%				
绝对偏差 di				
平均偏差 $\bar{d}$				
相对平均偏差 $\overline{Rd}=\frac{\bar{d}}{\bar{x}}\times100\%$				

果汁中维生素 C 的含量可以按下式进行计算：

$$w_{VC}=\frac{c_{I_2}\times V_{I_2}\times M_{C_6H_8O_6}\times10^{-3}}{m_s}\times100\%$$

式中 w_{VC}——样品中维生素 C 的含量,%；

c_{I_2}——I_2标准溶液浓度，mol/L；

V_{I_2}——样品测定时消耗的 I_2标准溶液的体积，mL；

$M_{C_6H_8O_6}$——维生素 C($C_6H_8O_6$)的摩尔质量，176. 12。

六、思考题

1. 为什么本实验使用棕色滴定管进行滴定?
2. 直接碘量法指示剂何时加入，终点颜色是什么?

实训十四　硝酸银标准溶液的配制、标定及食品中氯化钠含量的测定

一、实验目的

1. 掌握硝酸银标准滴定溶液的配制、标定和保存方法。
2. 掌握以氯化钠为基准物标定硝酸银的基本原理、反应条件、操作方法和计算。

3. 学会以 K_2CrO_4 为指示剂判断滴定终点的方法。

二、实验原理

$AgNO_3$ 标准滴定溶液可以用经过预处理的基准试剂 $AgNO_3$ 直接配制。但非基准试剂 $AgNO_3$ 中常含有杂质，如金属银、氧化银、游离硝酸、亚硝酸盐等，因此用间接法配制。先配成近似浓度的溶液后，用基准物质 NaCl 标定。

以 NaCl 作为基准物质，溶样后，在中性或弱碱性溶液中，用 $AgNO_3$ 溶液滴定，以 K_2CrO_4 作为指示剂，其反应如下：

$$Ag^+ + Cl^- \longrightarrow AgCl\downarrow \quad \text{白色}$$

$$2Ag^+ + CrO_4^{2-} \longrightarrow Ag_2CrO_4\downarrow \quad \text{砖红色}$$

达到化学计量点时，微过量的 Ag^+ 与 CrO_4^{2-} 反应析出砖红色 Ag_2CrO_4 沉淀，指示滴定终点。

样品经处理后，以 K_2CrO_4 作为指示剂，用 $AgNO_3$ 标准滴定溶液滴定试液中的 NaCl，根据 $AgNO_3$ 标准滴定溶液的消耗量，计算食品中 NaCl 的含量。

三、实验仪器与试剂

1. 仪器

烧杯(100mL)，碘量瓶(250mL)，容量瓶(100mL)，玻璃棒，量筒(100mL)，移液管(5mL、1mL)，铁架台，分析天平，聚四氟乙烯滴定管(25mL)等。

2. 试剂

$AgNO_3$ 固体、NaCl 固体、5%K_2CrO_4 溶液(5g K_2CrO_4 溶于 100mL 纯化水中)、澄清剂(亚铁氰化钾、乙酸锌)、酱油等。

四、实验步骤

1. 0. 1mol/L $AgNO_3$ 溶液的配制

称取 17g $AgNO_3$ 溶于 1000mL 不含 Cl^- 的纯化水中，贮存于带玻璃塞的棕色试剂瓶中，摇匀，置于暗处，待标定。

2. 0. 1mol/L $AgNO_3$ 溶液的标定

准确称取基准试剂 NaCl 0. 10g 置于 250mL 锥形瓶中，加入 30mL 不含 Cl^- 的纯化水溶解，加 5%K_2CrO_4 指示剂 1mL，在充分摇动下，用配好的 $AgNO_3$ 溶液滴定至微红色即为终点。记录消耗 $AgNO_3$ 标准滴定溶液的体积，平行测定 3 次。

3. 样品中 NaCl 含量测定

(1) 样品溶液的处理　量取 5mL 酱油，注入已知准确质量的具塞小锥形瓶中称量(准确至 0. 0001g)，加入 10mL 不含 Cl^- 的纯化水溶解，转入 100mL 容量瓶中，在容量瓶中加入 5mL 亚铁氰化钾和 5mL 乙酸锌溶液使充分沉淀，稀释至刻度，混匀，静置 30min，用滤纸过滤，弃去初滤液，待用。

(2) 滴定　从上述滤液中准确吸取 25. 00mL 锥形瓶中，加 5%K_2CrO_4 指示剂 lmL，在充分摇动下，用配好的 $AgNO_3$ 溶液滴定至微红色即为终点。记录消耗 $AgNO_3$ 标准滴定溶液的体积，平行测定 3 次。

五、实验数据记录和处理

基准物 NaCl 的质量 $m=$__________g

测定次数		Ⅰ	Ⅱ	Ⅲ
移取基准物 NaCl 溶液的体积/mL		25.00	25.00	25.00
消耗 $AgNO_3$ 的体积/mL	$V_{始}$			
	$V_{末}$			
	$V_{HCl}=V_{末}-V_{始}$			
c_{AgNO_3}/(mol/L)				
$\bar{c}_{AgNO_3}$/(mol/L)				
绝对偏差 di				
平均偏差 $\bar{d}$				
相对平均偏差 $\overline{Rd}=\frac{\bar{d}}{\bar{x}}\times100\%$				

$AgNO_3$标准溶液的浓度可按下式计算：

$$c_{AgNO_3}=\frac{m_{NaCl}}{V_{AgNO_3}\times M_{NaCl}}\times10^3$$

式中 c_{AgNO_3}——$AgNO_3$标准溶液的浓度，mol/L；

m_{NaCl}——称取的 NaCl 的质量，g；

V_{AgNO_3}——标定时消耗 $AgNO_3$的体积，mL；

M_{NaCl}——NaCl 的摩尔质量，58.5。

测定次数		Ⅰ	Ⅱ	Ⅲ
移取样液的体积/mL		25.00	25.00	25.00
消耗 $AgNO_3$ 的体积/mL	$V_{始}$			
	$V_{末}$			
	$V_{HCl}=V_{末}-V_{始}$			
$\bar{c}_{AgNO_3}$/(mol/L)				
X_{NaCl}/(mg/100g)				
$\bar{X}_{NaCl}$/(mg/100g)				
绝对偏差 di				
平均偏差 $\bar{d}$				
相对平均偏差 $\overline{Rd}=\frac{\bar{d}}{\bar{x}}\times100\%$				

样品中 NaCl 的质量分数可以按下式计算：

$$X_{NaCl}=\frac{c_{AgNO_3}\times V_{AgNO_3}\times M_{NaCl}}{m_s}\times100$$

式中 X_{NaCl}——NaCl 的质量浓度，mg/100g；

c_{AgNO_3}——$AgNO_3$标准溶液的浓度，mol/L；

V_{AgNO_3}——标定时消耗 $AgNO_3$的体积，mL；

M_{NaCl}——NaCl 的摩尔质量，58.5；

m_s——样品的质量，g。

六 思考题

1. 莫尔法标定 $AgNO_3$溶液，用 $AgNO_3$滴定 NaCl 时，滴定过程中为什么要充分摇动溶液？如果不充分摇动溶液，对测定结果有何影响？

2. K_2CrO_4指示剂的量控制在多少为宜？加多加少对实验结果产生什么影响？

附录 1　常用化合物的相对分子质量

分子式	相对分子质量	分子式	相对分子质量	分子式	相对分子质量
Ag_3AsO_4	462.52	$Co(NO_3)_2$	182.94	H_3ASO_4	141.94
AgI	234.77	$Co(NO_3)_2 \cdot 6H_2O$	291.03	H_3BO_3	61.83
$AgBr$	187.77	CoS	90.99	HBr	80.912
$AgCl$	143.32	$CoSO_4$	154.99	HCN	27.026
$AgNO_3$	169.87	$CoSO_4 \cdot 7H_2O$	281.10	$HCOOH$	46.026
$AgCN$	133.89	$CO(NH_2)_2$	60.06	H_2CO_3	62.025
$AgSCN$	165.94	$CrCl_3$	158.35	$H_2C_2O_4$	90.035
Ag_2CrO_4	331.73	$CrCl_3 \cdot 6H_2O$	266.45	$H_2C_2O_4 \cdot 2H_2O$	126.07
$AlCl_3$	133.34	$Cr(NO_3)_3$	238.01	HCl	36.461
$AlCl_3 \cdot 6H_2O$	241.43	Cr_2O_3	151.99	HF	20.006
$AlNO_3$	213.00	$CuCl$	98.999	HI	127.91
$AlNO_3 \cdot 9H_2O$	375.13	$CuCl_2$	134.45	HIO_3	175.91
Al_2O_3	101.96	$CuCl_2 \cdot 2H_2O$	170.48	HNO_3	63.013
$Al_2(OH)_3$	78.00	$CuSCN$	121.62	HNO_2	47.013
$Al_2(SO_4)_3$	342.14	CuI	190.45	H_2O	18.015
$Al_2(SO_4)_3 \cdot 18H_2O$	666.41	$Cu(NO_3)_2$	187.56	H_2O_2	34.015
As_2S_3	246.02	$Cu(NO_3)_2 \cdot 3H_2O$	241.60	Na_2CO_3	105.99
As_2O_3	197.84	CuO	79.545	$Na_2CO_3 \cdot 10H_2O$	286.14
AsO_5	229.84	Cu_2O	143.09	$Na_2C_2O_4$	134.00
$BaCO_3$	197.34	CuS	95.61	$NaCl$	58.443
BaC_2O_4	225.35	$CuSO_4$	159.60	$NaClO$	74.442
$BaCl_2$	208.24	$CuSO_4 \cdot 5H_2O$	249.68	$KBrO_3$	167.00
$BaCl_2 \cdot 2H_2O$	244.27	CH_3COOH	60.052	KCl	74.551
$BaCrO_4$	253.32	CH_3COONa	82.034	$KClO_3$	122.55
BaO	153.33	$CH_3COONa \cdot 3H_2O$	136.08	$KClO_4$	138.55
$Ba(OH)_2$	171.34	MgC_2O_4	112.33	KCN	65.116
$BaSO_4$	233.39	$Mg(NO_3)_2. 6H_2O$	256.41	$KSCN$	97.18
$BiCl_3$	315.34	$MgNH_4PO_4$	137.32	K_2CO_3	138.21

续表

分子式	相对分子质量	分子式	相对分子质量	分子式	相对分子质量
BiOCl	260. 43	MgO	40. 304	K_2CrO_3	194. 19
CO_2	44. 01	$Mg(OH)_2$	58. 32	$K_2Cr_2O_7$	294. 18
CaO	56. 08	$Fe(NO_3)_2$	241. 86	$(C_9H_7N)_3\text{-}H_3PO_4 \cdot 12MoO_3$	2212. 7
$CaCO_3$	100. 09	$Fe(NO_3)_3 \cdot 9H_2O$	404. 00	(磷钼酸喹啉)	
CaC_2O_4	128. 10	FeO	71. 846	H_3PO_4	97. 995
$CaCl_2$	110. 99	Fe_2O_3	159. 69	H_2S	34. 08
$CaCl_2 \cdot 6H_2O$	219. 08	Fe_3O_4	231. 54	H_2SO_3	82. 07
$Ca(NO_3)_2 \cdot 4H_2O$	236. 15	$Fe(OH)_3$	106. 87	H_2SO_4	98. 07
$Ca(OH)_2$	74. 09	$C_4H_8N_2O_2$(丁二酮肟)	116. 12	$Hg(CN)_2$	252. 36
$Ca_3(PO_4)_2$	310. 18	$FeCl_2$	126. 75	$HgCl_2$	271. 50
$CaSO_4$	136. 14	$FeCl_2 \cdot 4H_2O$	198. 81	Hg_2Cl_2	472. 09
$CdCO_3$	172. 42	$FeCl_3$	162. 21	HgI_2	454. 40
$CdCl_2$	183. 32	$FeCl_3 \cdot 6H_2O$	270. 30	$Hg_2(NO_3)_2$	525. 19
$C_6H_4COOHCOOK$	204. 23	FeS	87. 91	$Hg_2(NO_3)_2 \cdot 6H_2O$	561. 22
(邻苯二甲酸氢钾)		Fe_2O_3	207. 87	$Hg(NO_3)_2$	324. 60
CdS	144. 47	$FeSO_4$	151. 90	HgO	216. 59
$Ce(SO_4)_2$	332. 24	$FeSO_4 \cdot 7H_2O$	278. 01	HgS	232. 65
$Ce(SO_4)_2 \cdot 4H_2O$	404. 30	$FeNH_4(SO_4)_2 \cdot 12H_2O$	482. 18	$HgSO_4$	296. 65
$CoCl_2$	129. 84	$Fe(NH_4)_2(SO_4)_2 \cdot 6H_2O$	392. 13	Hg_2SO_4	497. 24
$CoCl_2 \cdot 6H_2O$	237. 93	H_3AsO_3	125. 94	$KAl(SO_4)_2 \cdot 12H_2O$	474. 38
KBr	119. 00	$CH_3\ COONH_4$	77. 083	$NiSO_4 \cdot 7H_2O$	280. 85
$K_3Fe(CN)_6$	329. 25	NH_4Cl	53. 491	P_2O_5	141. 94
$K_4Fe(CN)_6$	368. 35	$(NH_4)_2CO_3$	96. 086	$PbCO_3$	267. 20
$KFe(SO_4) \cdot 12H_2O$	503. 24	$(NH_4)_2C_2O_4$	142. 10	$Pb(CH_3COO)_2$	325. 30
$KHC_2O_4 \cdot H_2O$	146. 14	$(NH_4)_2C_2O_4 \cdot H_2O$	142. 11	$SnCl_2$	189. 60
$KHC_2O_4 \cdot H_2C_2O_4 \cdot 2H_2O$	254. 19	NH_4SCN	76. 12	$SnCl_4$	260. 50
$KHC_4H_4O_3$	188. 18	NH_4HCO_3	79. 055	SnS	150. 75
$KHSO_4$	136. 16	$(NH_4)_2MoO_4$	196. 01	$SrCO_3$	147. 63
KI	166. 00	NH_4NO_3	80. 043	SrC_2O_4	175. 64
KIO_3	214. 00	$(NH_4)_2HPO_4$	132. 06	$Sr(NO_3)_2$	211. 63
$KIO_3.HIO_3$	389. 91	$(NH_4)_3PO_4 \cdot 12MoO_3$	1876. 3	$SrSO_4$	183. 68
$KMnO_4$	158. 03	$(NH_4)_2S$	68. 14	$ZnCO_3$	125. 39
$KNaC_4H_4O_6 \cdot 4H_2O$	282. 22	$(NH_4)_2SO_4$	132. 13	ZnC_2O_4	153. 40

续表

分子式	相对分子质量	分子式	相对分子质量	分子式	相对分子质量
KNO_3	101.10	NH_4VO_3	116.96	$ZnCl_2$	136.29
KNO_2	85.104	Na_3AsO_3	191.89	$Zn(CH_3COO)_2$	183.47
K_2O	94.196	$Na_2B_4O_7$	201.22	$Zn(CH_3COO)_2 \cdot 2H_2O$	219.50
KOH	56.106	$Na_2B_4O_7 \cdot 10H_2O$	381.37	$Zn(NO_3)_2$	189.39
K_2SO_4	174.25	$NaBiO_3$	279.97	$Zn(NO_3)_2 \cdot 6H_2O$	297.48
$MgCO_3$	84.314	$NaCN$	49.007	ZnO	81.38
$MgCl_2$	95.211	$NaSCN$	81.07	ZnS	97.44
$MgCl_2 \cdot 6H_2O$	203.30	$NaHCO_3$	84.007	$ZnSO_4$	161.44
$Pb_3(PO_4)_2$	811.54	$Na_2HPO_4 \cdot 12H_2O$	358.14	$ZnSO_4 \cdot 7H_2O$	287.54
PbS	239.30	$NaNO_2$	68.995	NiS	90.75
$PbSO_4$	303.30	$NaNO_3$	84.995	PbC_2O_4	295.22
SO_3	80.06	Na_2O	61.979	$PbCl_2$	278.10
$Mg_2P_2O_7$	222.55	Na_2O_2	77.978	$PbCrO_4$	323.20
$MgSO_4 \cdot 7H_2O$	246.47	$NaOH$	39.997	PbI_2	461.00
$MnCO_3$	114.95	Na_3PO_4	163.94	$Pb(NO_3)_2$	331.20
$MnCl_2 \cdot 4H_2O$	197.91	Na_2S	78.04	PbO	223.20
$Mn(NO_3)_2 \cdot 6H_2O$	287.04	$Na_2S \cdot 9H_2O$	240.18	PbO_2	239.20
MnO	70.937	Na_2SO_3	126.04	$SbCl_3$	228.11
MnO_2	86.937	Na_2SO_4	140.04	Sb_2O_3	291.50
MnS	87.00	$Na_2S_2O_3$	158.10	Sb_2S_3	339.68
$MnSO_4$	151.00	$Na_2S_2O_3 \cdot 5H_2O$	248.17	SO_2	64.06
$MnSO_4 \cdot 4H_2O$	223.06	$NiCl_2 \cdot 6H_2O$	237.69	SiO_2	60.084
NO	30.006	NiO	74.69		
NO_2	46.006	$Ni(NO_3)_2 \cdot 6H_2O$	290.79		
NH_3	17.03	SiF_4	104.08		

附录 2　弱酸和弱碱的解离常数

弱酸	分子式	K_a	pK_a
砷酸	H_3AsO_4	$6.3\times10^{-3}(K_{a1})$ $1.0\times10^{-7}(K_{a2})$ $3.2\times10^{-12}(K_{a3})$	2.20 7.00 11.50
亚砷酸	$HAsO_2$	6.0×10^{-10}	9.22
硼酸	H_3BO_3	5.8×10^{-10}	9.24
焦硼酸	$H_2B_4O_7$	$1.0\times10^{-4}(K_{a1})$ $1.0\times10^{-9}(K_{a2})$	4 9
碳酸	$H_2CO_3(CO_2+H_2O)$	$4.2\times10^{-7}(K_{a1})$ $5.6\times10^{-11}(K_{a2})$	6.38 10.25
氢氰酸	HCN	6.2×10^{-10}	9.21
铬酸	H_2CrO_4	$1.8\times10^{-1}(K_{a1})$ $3.2\times10^{-7}(K_{a2})$	0.74 6.50
氢氟酸	HF	6.6×10^{-4}	3.18
亚硝酸	HNO_2	5.1×10^{-4}	3.29
过氧化氢	H_2O_2	1.8×10^{-12}	11.75
磷酸	H_3PO_4	$7.6\times10^{-3}(>K_{a1})$ $6.3\times10^{-3}(K_{a2})$ $4.4\times10^{-13}(K_{a3})$	2.12 7.2 12.36
焦磷酸	$H_4P_2O_7$	$3.0\times10^{-2}(K_{a1})$ $4.4\times10^{-3}(K_{a2})$ $2.5\times10^{-7}(K_{a3})$ $5.6\times10^{-10}(K_{a4})$	1.52 2.36 6.60 9.25
亚磷酸	H_3PO_3	$5.0\times10^{-2}(K_{a1})$ $2.5\times10^{-7}(K_{a2})$	1.30 6.60
氢硫酸	H_2S	$1.3\times10^{-7}(K_{a1})$ $7.1\times10^{-15}(K_{a2})$	6.88 14.15
硫酸	H_2SO_4	$1.0\times10^{-2}(K_{a1})$	1.99
亚硫酸	$H_2SO_3(SO_2+H_2O)$	$1.3\times10^{-2}(K_{a1})$ $6.3\times10^{-8}(K_{a2})$	1.90 7.20
偏硅酸	H_2SiO_3	$1.7\times10^{-10}(K_{a1})$ $1.6\times10^{-12}(K_{a2})$	9.77 11.8
甲酸	$HCOOH$	1.8×10^{-4}	3.74
乙酸	CH_3COOH	1.8×10^{-5}	4.74
一氯乙酸	$CH_2ClCOOH$	1.4×10^{-3}	2.86
二氯乙酸	$CHCl_2COOH$	5.0×10^{-2}	1.30

续表

弱酸	分子式	K_a	pK_a
三氯乙酸	CCl_3COOH	0. 23	0. 64
氨基乙酸盐	$^+NH_3CH_2COOH^-$ $^+NH_3CH_2COO^-$	$4.5\times10^{-3}(K_{a1})$ $2.5\times10^{-10}(K_{a2})$	2. 35 9. 60
抗坏血酸	$C_6H_8O_6$	$5.0\times10^{-5}(K_{a1})$ $1.5\times10^{-10}(K_{a2})$	4. 30 9. 82
乳酸	$CH_3CHOHCOOH$	1.4×10^{-4}	3. 86
苯甲酸	C_6H_5COOH	6.2×10^{-5}	4. 21
草酸	$H_2C_2O_4$	$5.9\times10^{-2}(K_{a1})$ $6.4\times10^{-5}(K_{a2})$	1. 22 4. 19
d-酒石酸	CH(OH)COOH CH(OH)COOH	$9.1\times10^{-4}(K_{a1})$ $4.3\times10^{-5}(K_{a2})$	3. 04 4. 37
邻苯二甲酸	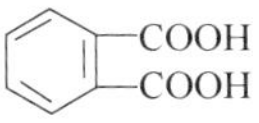	$1.1\times10^{-3}(K_{a1}>)$ $3.9\times10^{-6}(K_{a2})$	2. 95 5. 41
柠檬酸	CH_2COOH C(OH)COOH CH_2COOH	$7.4\times10^{-4}(K_{a1})$ $1.7\times10^{-5}(K_{a2})$ $4.0\times10^{-7}(K_{a3})$	3. 13 4. 76 6. 40
苯酚	C_6H_5OH	1.1×10^{-10}	9. 95
乙二胺四乙酸	H_6- $EDTA^{2+}$ H_5- $EDTA^+$ H_4- EDTA H_3- $EDTA^-$ H_2- $EDTA^{2-}$ H- $EDTA^{3-}$	$0.1(K_{a1})$ $3\times10^{-2}(K_{a2})$ $1\times10^{-2}(K_{a3})$ $2.1\times10^{-3}(K_{a4})$ $6.9\times10^{-7}(K_{a5})$ $5.5\times10^{-11}(K_{a6})$	0. 9 1. 6 2. 0 2. 67 6. 17 10. 26
氨水	NH_3	1.8×10^{-5}	4. 74
联氨	H_2NNH_2	$3.0\times10^{-6}(K_{b1})$ $1.7\times10^{-5}(K_{b2})$	5. 52 14. 12
羟胺	NH_2OH	9.1×10^{-6}	8. 04
甲胺	CH_3NH_2	4.2×10^{-4}	3. 38
乙胺	$C_2H_5NH_2$	5.6×10^{-4}	3. 25
二甲胺	$(CH_3)_2NH$	1.2×10^{-4}	3. 93
二乙胺	$(C_2H_5)_2NH$	1.3×10^{-3}	2. 89
乙醇胺	$HOCH_2CH_2NH_2$	3.2×10^{-5}	4. 50
三乙醇胺	$(HOCH_2CH_2)_3N$	5.8×10^{-7}	6. 24
六次甲基四胺	$(CH_2)_6N_4$	1.4×10^{-9}	8. 85
乙二胺	$NH_2CH_2CH_2NH_2$	$8.5\times10^{-5}(K_{b1})$ $7.1\times10^{-8}(K_{b2})$	4. 07 7. 15
吡啶	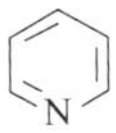	1.7×10^{-5}	8. 77

附录3　常用缓冲溶液的配制方法

1. 甘氨酸-盐酸缓冲液(0. 05mol/L)

*X*mL 0. 2mol/L 甘氨酸+*Y*mL 0. 2mol/L HCl，再加水稀释至200mL

pH	*X*	*Y*	pH	*X*	*Y*
2. 0	50	44. 0	3. 0	50	11. 4
2. 4	50	32. 4	3. 2	50	8. 2
2. 6	50	24. 2	3. 4	50	6. 4
2. 8	50	16. 8	3. 6	50	5. 0

甘氨酸相对分子质量=75. 07，0. 2mol/L 甘氨酸溶液为15. 01g/L。

2. 邻苯二甲酸-盐酸缓冲液(0. 05mol/L)

*X*mL 0. 2mol/L 邻苯二甲酸氢钾+0. 2mol/L HCl，再加水稀释到20mL

pH(20℃)	*X*	*Y*	pH(20℃)	*X*	*Y*
2. 2	5	4. 070	3. 2	5	1. 470
2. 4	5	3. 960	3. 4	5	0. 990
2. 6	5	3. 295	3. 6	5	0. 597
2. 8	5	2. 642	3. 8	5	0. 263
3. 0	5	2. 022			

邻苯二甲酸氢钾相对分子质量=204. 23，0. 2mol/L 邻苯二甲酸氢溶液为40. 85g/L。

3. 磷酸氢二钠-柠檬酸缓冲液

pH	0. 2mol/L Na_2HPO_4 /mL	0. 1mol/L 柠檬酸 /mL	pH	0. 2mol/L Na_2HPO_4 /mL	0. 1mol/L 柠檬酸 /mL
2. 2	0. 40	10. 60	5. 2	10. 72	9. 28
2. 4	1. 24	18. 76	5. 4	11. 15	8. 85
2. 6	2. 18	17. 82	5. 6	11. 60	8. 40
2. 8	3. 17	16. 83	5. 8	12. 09	7. 91
3. 0	4. 11	15. 89	6. 0	12. 63	7. 37
3. 2	4. 94	15. 06	6. 2	13. 22	6. 78
3. 4	5. 70	14. 30	6. 4	13. 85	6. 15
3. 6	6. 44	13. 56	6. 6	14. 55	5. 45
3. 8	7. 10	12. 90	6. 8	15. 45	4. 55
4. 0	7. 71	12. 29	7. 0	16. 47	3. 53
4. 2	8. 28	11. 72	7. 2	17. 39	2. 61
4. 4	8. 82	11. 18	7. 4	18. 17	1. 83
4. 6	9. 35	10. 65	7. 6	18. 73	1. 27
4. 8	9. 86	10. 14	7. 8	19. 15	0. 85
5. 0	10. 30	9. 70	8. 0	19. 45	0. 55

Na_2HPO_4相对分子质量=14. 98，0. 2mol/L 溶液为28. 40g/L。

$Na_2HPO_4 \cdot 2H_2O$ 相对分子质量=178. 05，0. 2mol/L 溶液为35. 01g/L。

$C_6H_8O_7 \cdot H_2O$ 相对分子质量=210. 14，0. 1mol/L 溶液为21. 01g/L。

4. 柠檬酸-氢氧化钠-盐酸缓冲液

pH	钠离子浓度/(mol/L)	柠檬酸 $C_6H_8O_7 \cdot H_2O$/g	氢氧化钠 NaOH 97%/g	盐酸 HCl(浓)/mL	最终体积/L
2. 2	0. 20	210	84	160	10
3. 1	0. 20	210	83	116	10
3. 3	0. 20	210	83	106	10
4. 3	0. 20	210	83	45	10
5. 3	0. 35	245	144	68	10
5. 8	0. 45	285	186	105	10
6. 5	0. 38	266	156	126	10

5. 柠檬酸-柠檬酸钠缓冲液(0. 1mol/L)

pH	0. 1mol/L 柠檬酸/mL	0. 1mol/L 柠檬酸钠/mL	pH	0. 1mol/L 柠檬酸/mL	0. 1mol/L 柠檬酸钠/mL
3. 0	18. 6	1. 4	5. 0	8. 2	11. 8
3. 2	17. 2	2. 8	5. 2	7. 3	12. 7
3. 4	16. 0	4. 0	5. 4	6. 4	13. 6
3. 6	14. 9	5. 1	5. 6	5. 5	14. 5
3. 8	14. 0	6. 0	5. 8	4. 7	15. 3
4. 0	13. 1	6. 9	6. 0	3. 8	16. 2
4. 2	12. 3	7. 7	6. 2	2. 8	17. 2
4. 4	11. 4	8. 6	6. 4	2. 0	18. 0
4. 6	10. 3	9. 7	6. 6	1. 4	18. 6
4. 8	9. 2	10. 8			

柠檬酸 $C_6H_8O_7 \cdot H_2O$：相对分子质量 210. 14，0. 1mol/L 溶液为 21. 01g/L。

柠檬酸钠 $Na_3\ C_6H_5O_7 \cdot 2H_2O$：相对分子质量 294. 12，0. 1mol/L 溶液为 29. 41g/mL。

6. 乙酸-乙酸钠缓冲液(0. 2mol/L)

pH(18℃)	0. 2mol/L NaAc/mL	0. 3mol/L HAc/mL	pH(18℃)	0. 2mol/L NaAc/mL	0. 3mol/L HAc/mL
2. 6	0. 75	9. 25	4. 8	5. 90	4. 10
3. 8	1. 20	8. 80	5. 0	7. 00	3. 00
4. 0	1. 80	8. 20	5. 2	7. 90	2. 10
4. 2	2. 65	7. 35	5. 4	8. 60	1. 40
4. 4	3. 70	6. 30	5. 6	9. 10	0. 90
4. 6	4. 90	5. 10	5. 8	9. 40	0. 60

$Na_2Ac \cdot 3H_2O$ 相对分子质量 = 136. 09，0. 2mol/L 溶液为 27. 22g/L。

7. 磷酸盐缓冲液

(1)磷酸氢二钠-磷酸二氢钠缓冲液(0. 2mol/L)

pH	0. 2mol/L Na_2HPO_4 /mL	0. 3mol/L NaH_2PO_4 /mL	pH	0. 2mol/L Na_2HPO_4 /mL	0. 3mol/L NaH_2PO_4 /mL
5. 8	8. 0	92. 0	7. 0	61. 0	39. 0
5. 9	10. 0	90. 0	7. 1	67. 0	33. 0
6. 0	12. 3	87. 7	7. 2	72. 0	28. 0
6. 1	15. 0	85. 0	7. 3	77. 0	23. 0
6. 2	18. 5	81. 5	7. 4	81. 0	19. 0
6. 3	22. 5	77. 5	7. 5	84. 0	16. 0
6. 4	26. 5	73. 5	7. 6	87. 0	13. 0
6. 5	31. 5	68. 5	7. 7	89. 5	10. 5
6. 6	37. 5	62. 5	7. 8	91. 5	8. 5
6. 7	43. 5	56. 5	7. 9	93. 0	7. 0
6. 8	49. 5	51. 0	8. 0	94. 7	5. 3
6. 9	55. 0	45. 0			

$Na_2HPO_4 \cdot 2H_2O$ 相对分子质量=178. 05, 0. 2mol/L 溶液为 85. 61g/L。

$Na_2HPO_4 \cdot 12H_2O$ 相对分子质量=358. 22, 0. 2mol/L 溶液为 71. 64g/L。

$Na_2HPO_4 \cdot 2H_2O$ 相对分子质量=156. 03, 0. 2mol/L 溶液为 31. 21g/L。

(2)磷酸氢二钠-磷酸二氢钾缓冲液(1/15mol/L)

pH	$\frac{1}{15}$mol/L Na_2HPO_4/mL	$\frac{1}{15}$mol/L KH_2PO_4/mL	pH	$\frac{1}{15}$mol/L Na_2HPO_4/mL	$\frac{1}{15}$mol/L KH_2PO_4/mL
4. 92	0. 10	9. 90	7. 17	7. 00	3. 00
5. 29	0. 50	9. 50	7. 38	8. 00	2. 00
5. 91	1. 00	9. 00	7. 73	9. 00	1. 00
6. 24	2. 00	8. 00	8. 04	9. 50	0. 50
6. 47	3. 00	7. 00	8. 34	9. 75	0. 25
6. 64	4. 00	6. 00	8. 67	9. 90	0. 10
6. 81	5. 00	5. 00	8. 18	10. 00	0
6. 98	6. 00	4. 00			

$Na_2HPO_4 \cdot 2H_2O$ 相对分子质量=178. 05, 1/15mol/L 溶液为 11. 876g/L。

KH_2PO_4相对分子质量=136. 09, 1/15mol/L 溶液为 9. 078g/L。

8. 磷酸二氢钾-氢氧化钠缓冲液(0. 05mol/L)

XmL 0. 2mol/L K_2PO_4+YmL 0. 2mol/L NaOH 加水稀释至 29mL

pH(20℃)	X/mL	Y/mL	pH(20℃)	X/mL	Y/mL
5. 8	5	0. 372	7. 0	5	2. 963
6. 0	5	0. 570	7. 2	5	3. 500
6. 2	5	0. 860	7. 4	5	3. 950
6. 4	5	1. 260	7. 6	5	4. 280
6. 6	5	1. 780	7. 8	5	4. 520
6. 8	5	2. 365	8. 0	5	4. 680

9. 巴比妥钠-盐酸缓冲液(18℃)

pH	0.04mol/L 巴比妥钠溶液/mL	0.2mol/L 盐酸/mL	pH	0.04mol/L 巴比妥钠溶液/mL	0.2mol/L 盐酸/mL
6.8	100	18.4	8.4	100	5.21
7.0	100	17.8	8.6	100	3.82
7.2	100	16.7	8.8	100	2.52
7.4	100	15.3	9.0	100	1.65
7.6	100	13.4	9.2	100	1.13
7.8	100	11.47	9.4	100	0.70
8.0	100	9.39	9.6	100	0.35
8.2	100	7.21		100	

巴比妥钠盐相对分子质量=206.18，0.04mol/L 溶液为 8.25g/L。

10. Tris-盐酸缓冲液(0.05mol/L，25℃)

50mL 0.1mol/L 三羟甲基氨基甲烷(Tris)溶液与 XmL 0.1mol/L 盐酸混匀后，加水稀释至 100mL。

pH	X/mL	pH	X/mL
7.10	45.7	8.10	26.2
7.20	44.7	8.20	22.9
7.30	43.4	8.30	19.9
7.40	42.0	8.40	17.2
7.50	40.3	8.50	14.7
7.60	38.5	8.60	12.4
7.70	36.6	8.70	10.3
7.80	34.5	8.80	8.5
7.90	32.0	8.90	7.0
8.00	29.2		

Tris 溶液可从空气中吸收二氧化碳，使用时注意将瓶盖严。

11. 硼酸-硼砂缓冲液(0.2mol/L 硼酸根)

pH	0.05mol/L 硼砂/mL	0.2mol/L 硼砂/mL	pH	0.05mol/L 硼砂/mL	0.2mol/L 硼酸/mL
7.4	1.0	9.0	8.2	3.5	6.5
7.6	1.5	8.5	8.4	4.5	5.5
7.8	2.0	8.0	8.7	6.0	4.0
8.0	3.0	7.0	9.0	8.0	2.0

硼砂 $Na_2B_4O_7 \cdot H_2O$，相对分子质量=381.43；0.05mol/L 溶液(=0.2mol/L 硼酸根)为 19.07g/L。

硼酸 H_2BO_3，相对分子质量=61.84，0.2mol/L 溶液为 12.37g/L。

硼砂易失去结晶水，必须在带塞的瓶中保存。

12. 硼酸-硼砂缓冲液(0.2 mol/L 硼酸根)

pH	0.05mol/L 硼砂/mL	0.2mol/L 硼酸/mL	pH	0.05mol/L 硼砂/mL	0.2mol/L 硼酸/mL
7.4	1.0	9.0	8.2	3.5	6.5
7.6	1.5	8.5	8.4	4.5	5.5
7.8	2.0	8.0	8.7	6.0	4.0
8.0	3.0	7.0	9.0	8.0	2.0

硼砂 $Na_2B_4O_7 \cdot 10H_2O$，相对分子质量=381.43；0.05mol/L 溶液(=0.2mol/L 硼酸根)为 19.07g/L。

硼酸 H_2BO_3，相对分子质量=61.84，0.2mol/L 溶液为 12.37g/L。

硼砂易失去结晶水，必须在带塞的瓶中保存。

13. 甘氨酸-氢氧化钠缓冲液(0.05 mol/L)

*X*mL 0.2mol/L 甘氨酸+*Y*mL0.2mol/L NaOH 加水稀释至 200mL

pH	*X*	*Y*	pH	*X*	*Y*
8.6	50	4.0	9.6	50	22.4
8.8	50	6.0	9.8	50	27.2
9.0	50	8.8	10.0	50	32.0
9.2	50	12.0	10.4	50	38.6
9.4	50	16.8	10.6	50	45.5

甘氨酸相对分子质量=75.07，0.2mol/L 溶液含 15.01g/L。

14. 硼砂-氢氧化钠缓冲液(0.05mol/L 硼酸根)

*X*mL 0.05mol/L 硼砂+*Y*mL 0.2mol/L NaOH 加水稀释至 200mL

pH	*X*	*Y*	pH	*X*	*Y*
9.3	50	6.0	9.8	50	34.0
9.4	50	11.0	10.0	50	43.0
9.6	50	23.0	10.1	50	46.0

硼砂 $Na_2B_4O_7 \cdot 10H_2O$，相对分子质量=381.43，0.05mol/L 溶液为 19.07g/L。

15. 碳酸钠-碳酸氢钠缓冲液(0.1mol/L)

Ca^{2+}、Mg^{2+}存在时不得使用

pH		0.1mol/L Na_2CO_3/mL	0.1mol/L Na_2HCO_3/mL
20℃	37℃		
9.16	8.77	1	9
9.40	9.12	2	8
9.51	9.40	3	7
9.78	9.50	4	6
9.90	9.72	5	5
10.14	9.90	6	4
10.28	10.08	7	3
10.53	10.28	8	2
10.83	10.57	9	1

$Na_2CO_2 \cdot 10H_2O$ 相对分子质量=286.2，0.1mol/L 溶液为 28.62g/L。

Na_2HCO_3相对分子质量=84.0，0.1 mol/L 溶液为 8.40g/L。

16. "PBS"缓冲液

pH	7.6	7.4	7.2	7.0
H_2O/mL	1000	1000	1000	100
NaCl/g	8.5	8.5	8.5	8.5
Na_2HPO_4/g	2.2	2.2	2.2	2.2
NaH_2PO_4/g	0.1	0.2	0.3	0.4

附录4　标准电极电位表

半反应	E^0/V	半反应	E^0/V	半反应	E^0/V
F_2(气)$+2H^++2e = 2HF$	3.06	$HClO+H^++2e = Cl^-+H_2O$	1.49	Br_2(水)$+2e = 2Br^-$	1.087
$O_3+2H^++2e = O_2+2H_2O$	2.07	$ClO_3^-+6H^++5e = 1/2\ Cl_2+3H_2O$	1.47	$NO_2+H^++e = HNO_2$	1.07
$S_2O_8^{2-}+2e = 2SO_4^{2-}$	2.01	PbO_2(固)$+4H^++2e = Pb^{2+}+2H_2O$	1.455	$Br_3^-+2e = 3Br^-$	1.05
$H_2O_2+2H^++2e = 2H_2O$	1.77	$HIO+H^++e = 1/2\ I_2+H_2O$	1.45	$HNO_2+H^++e = NO$(气)$+H_2O$	1.00
$MnO_4^-+4H^++3e = MnO_2$(固)$+2H_2O$	1.695	$ClO_3^-+6H^++6e = Cl^-+3H_2O$	1.45	$VO_2^++2H^++e = VO^{2+}+H_2O$	1.00
PbO_2(固)$+SO_4^{2-}+4H^++2e = PbSO_4$(固)$+2H_2O$	1.685	$BrO_3^-+6H^++6e = Br^-+3H_2O$	1.44	$HIO+H^++2e = I^-+H_2O$	0.99
$HClO_2+2H^++2e = HClO+H_2O$	1.64	Au(III)$+2e =$ Au(I)	1.41	$NO_3^-+3H^++2e = HNO_2+H_2O$	0.94
$HClO+H^++e = 1/2\ Cl_2+H_2O$	1.63	Cl_2(气)$+2e = 2Cl^-$	1.3595	$ClO^-+H_2O+2e = Cl^-+2OH^-$	0.89
$Ce^{4+}+e = Ce^{3+}$	1.61	$ClO_4^-+8H^++7e = 1/2\ Cl_2+4H_2O$	1.34	$H_2O_2+2e = 2OH^-$	0.88
$H_5IO_6+H^++2e = IO_3^-+3H_2O$	1.60	$Cr_2O_7^{2-}+14H^++6e = 2Cr^{3+}+7H_2O$	1.33	$Cu^{2+}+I^-+e = CuI$(固)	0.86
$HBrO+H^++e = 1/2\ Br_2+H_2O$	1.59	MnO_2(固)$+4H^++2e = Mn^{2+}+2H_2O$	1.23	$Hg^{2+}+2e = Hg$	0.845
$BrO_3^-+6H^++5e = 1/2\ Br_2+3H_2O$	1.52	O_2(气)$+4H^++4e = 2H_2O$	1.229	$NO_3^-+2H^++e = NO_2+H_2O$	0.80
$MnO_4^-+8H^++5e = Mn^{2+}+4H_2O$	1.51	$IO_3^-+6H^++5e = 1/2\ I_2+3H_2O$	1.20	$Ag^++e = Ag$	0.7995
Au(III)$+3e =$ Au	1.50	$ClO_4^-+2H^++2e = ClO_3^-+H_2O$	1.19	$Hg_2^{2+}+2e = 2Hg$	0.793
$Fe^{3+}+e = Fe^{2+}$	0.771	$2SO_2$(水)$+2H^++4e = S_2O_3^{2-}+H_2O$	0.40	$S_4O_6^{2-}+2e = 2S_2O_3^{2-}$	0.08
$BrO^-+H_2O+2e = Br^-+2OH^-$	0.76	$Fe(CN)_6^{3-}+e = Fe(CN)_6^{4-}$	0.36	$AgBr$(固)$+e = Ag+Br^-$	0.071
O_2(气)$+2H^++2e = H_2O_2$	0.682	$Cu^{2+}+2e = Cu$	0.337	$2H^++2e = H_2$	0.000
$Li^++e=Li$	-3.042	$VO^{2+}+2H^++e = V^{3+}+H_2O$	0.337	$O_2+H_2O+2e = HO_2^-+OH^-$	-0.067
$2HgCl_2+2e = Hg_2Cl_2$(固)$+2Cl^-$	0.63	$BiO^++2H^++3e = Bi+H_2O$	0.32	$TiCl^++2H^++3Cl^-+e = TiCl_4^-+H_2O$	-0.09
Hg_2SO_4(固)$+2e = 2Hg+SO_4^{2-}$	0.6151	Hg_2Cl_2(固)$+2e = 2Hg+2Cl^-$	0.2676	$Pb^{2+}+2e = Pb$	-0.126

半反应	E^0/V	半反应	E^0/V	半反应	E^0/V
$MnO_4^- + 2H_2O + 3e = MnO_2 + 4OH^-$	0.588	$HAsO_2 + 3H^+ + 3e = As + 2H_2O$	0.248	$Sn^{2+} + 2e = Sn$	−0.136
$MnO_4^- + e = MnO_4^{2-}$	0.564	$AgCl$(固)$ + e = Ag + Cl^-$	0.2223	AgI(固)$ + e = Ag + I^-$	−0.152
$H_3AsO_4 + 2H^+ + 2e = HAsO_2 + 2H_2O$	0.559	$SbO^+ + 2H^+ + 3e = Sb + H_2O$	0.212	$Ni^{2+} + 2e = Ni$	−0.246
$I_3^- + 2e = 3I^-$	0.545	$SO_4^{2-} + 4H^+ + 2e = SO_2$(水)$ + 2H_2O$	0.17	$H_3PO_4 + 2H^+ + 2e = H_3PO_3 + H_2O$	−0.276
I_2(固)$ + 2e = 2I^-$	0.5345	$Cu^{2+} + e = Cu^+$	0.519	$Co^{2+} + 2e = Co$	−0.277
Mo(VI)+e = Mo(V)	0.53	$Sn^{4+} + 2e = Sn^{2+}$	0.154	$Tl^+ + e = Tl$	−0.336
$Cu^+ + e = Cu$	0.52	$S + 2H^+ + 2e = H_2S$(气)	0.141	$In^{3+} + 3e = In$	−0.345
$4SO_2$(水)$ + 4H^+ + 6e = S_4O_6^{2-} + 2H_2O$	0.51	$Hg_2Br_2 + 2e = 2Hg + 2Br^-$	0.1395	$PbSO_4$(固)$ + 2e = Pb + SO_4^{2-}$	0.3553
$HgCl_4^{2-} + 2e = Hg + 4Cl^-$	0.48	$TiO^{2+} + 2H^+ + e = Ti^{3+} + H_2O$	0.1	$SeO_3^{2-} + 3H_2O + 4e = Se + 6OH^-$	−0.366
$As + 3H^+ + 3e = AsH_3$	−0.38	Ag_2S(固)$ + 2e = 2Ag + S^{2-}$	−0.69	$Sr^{2+} + 2e = Sr$	−2.89
$Se + 2H^+ + 2e = H_2Se$	−0.40	$Zn^{2+} + 2e = Zn$	−0.763	$Ba^{2+} + 2e = Ba$	−2.90
$Cd^{2+} + 2e = Cd$	−0.403	$2H_2O + 2e = H_2 + 2OH^-$	−8.28	$K^+ + e = K$	−2.925
$Cr^{3+} + e = Cr^{2+}$	−>0.41	$Cr^{2+} + 2e = Cr$	−0.91		
$Fe^{2+} + 2e = Fe$	−0.440	$HSnO_2^- + H_2O + 2e = Sn + 3OH^-$	−>0.91		
$S + 2e = S^{2-}$	−0.48	$Se + 2e = Se^{2-}$	−0.92		
$2CO_2 + 2H^+ + 2e = H_2C_2O_4$	−0.49	$Sn(OH)_6^{2-} + 2e = HSnO_2^- + H_2O + 3OH^-$	−0.93		
$H_3PO_3 + 2H^+ + 2e = H_3PO_2 + H_2O$	−0.50	$CNO^- + H_2O + 2e = CN^- + 2OH^-$	−0.97		
$Sb + 3H^+ + 3e = SbH_3$	−0.51	$Mn^{2+} + 2e = Mn$	−1.182		
$HPbO_2^- + H_2O + 2e = Pb + 3OH^-$	−0.54	$ZnO_2^{2-} + 2H_2O + 2e = Zn + 4OH^-$	−1.216		
$Ga^{3+} + 3e = Ga$	−0.56	$Al^{3+} + 3e = Al$	−1.66		
$TeO_3^{2-} + 3H_2O + 4e = Te + 6OH^-$	−0.57	$H_2AlO_3^- + H_2O + 3e = Al + 4OH^-$	−2.35		
$2SO_3^{2-} + 3H_2O + 4e = S_2O_3^{2-} + 6OH^-$	−0.58	$Mg^{2+} + 2e = Mg$	−2.37		
$SO_3^{2-} + 3H_2O + 4e = S + 6OH^-$	−0.66	$Na^+ + e = Na$	−2.71		
$AsO_4^{3-} + 2H_2O + 2e = AsO_2^- + 4OH^-$	−0.67	$Ca^{2+} + 2e = Ca$	−2.87		

附录 5　难溶化合物的溶度积常数

序号	分子式	K_{sp}	pK_{sp} $(-\lg K_{sp})$	序号	分子式	K_{sp}	pK_{sp} $(-\lg K_{sp})$
1	Ag_3AsO_4	1.0×10^{-22}	22.0	36	BaS_2O_3	1.6×10^{-5}	4.79
2	$AgBr$	5.0×10^{-13}	12.3	37	$BaSeO_3$	2.7×10^{-7}	6.57
3	$AgBrO_3$	5.50×10^{-5}	4.26	38	$BaSeO_4$	3.5×10^{-8}	7.46
4	$AgCl$	1.8×10^{-10}	9.75	39	$Be(OH)_2$	1.6×10^{-22}	21.8
5	$AgCN$	1.2×10^{-16}	15.92	40	$BiAsO_4$	4.4×10^{-10}	9.36
6	Ag_2CO_3	8.1×10^{-12}	11.09	41	$Bi_2(C_2O_4)_3$	3.98×10^{-36}	35.4
7	$Ag_2C_2O_4$	3.5×10^{-11}	10.46	42	$Bi(OH)_3$	4.0×10^{-31}	30.4
8	$Ag_2Cr_2O_4$	1.2×10^{-12}	11.92	43	$BiPO_4$	1.26×10^{-23}	22.9
9	$Ag_2Cr_2O_7$	2.0×10^{-7}	6.70	44	$CaCO_3$	2.8×10^{-9}	8.54
10	AgI	8.3×10^{-17}	16.08	45	$CaC_2O_4\cdot H_2O$	4.0×10^{-9}	8.4
11	$AgIO_3$	3.1×10^{-8}	7.51	46	CaF_2	2.7×10^{-11}	10.57
12	$AgOH$	2.0×10^{-8}	7.71	47	$CaMoO_4$	4.17×10^{-8}	7.38
13	Ag_2MoO_4	2.8×10^{-12}	11.55	48	$Ca(OH)_2$	5.5×10^{-6}	5.26
14	Ag_3PO_4	1.4×10^{-16}	15.84	49	$Ca_3(PO_4)_2$	2.0×10^{-29}	28.70
15	Ag_2S	6.3×10^{-50}	49.2	50	$CaSO_4$	3.16×10^{-7}	5.04
16	$AgSCN$	1.0×10^{-12}	12.00	51	$CaSiO_3$	2.5×10^{-8}	7.60
17	Ag_2SO_3	1.5×10^{-14}	13.82	52	$CaWO_4$	8.7×10^{-9}	8.06
18	Ag_2SO_4	1.4×10^{-5}	4.84	53	$CdCO_3$	5.2×10^{-12}	11.28
19	Ag_2Se	2.0×10^{-64}	63.7	54	$CdC_2O_4\cdot 3H_2O$	9.1×10^{-8}	7.04
20	Ag_2SeO_3	1.0×10^{-15}	15.00	55	$Cd_3(PO_4)_2$	2.5×10^{-33}	32.6
21	Ag_2SeO_4	5.7×10^{-8}	7.25	56	CdS	8.0×10^{-27}	26.1
22	$AgVO_3$	5.0×10^{-7}	6.3	57	$CdSe$	6.31×10^{-36}	35.2
23	Ag_2WO_4	5.5×10^{-12}	11.26	58	$CdSeO_3$	1.3×10^{-9}	8.89
24	$Al(OH)_3$	4.57×10^{-33}	32.34	59	CeF_3	8.0×10^{-16}	15.1
25	$AlPO_4$	6.3×10^{-19}	18.24	60	$CePO_4$	1.0×10^{-23}	23.0
26	Al_2S_3	2.0×10^{-7}	6.7	61	$Co_3(AsO_4)_2$	7.6×10^{-29}	28.12
27	$Au(OH)_3$	5.5×10^{-46}	45.26	62	$CoCO_3$	1.4×10^{-13}	12.84
28	$AuCl_3$	3.2×10^{-25}	24.5	63	CoC_2O_4	6.3×10^{-8}	7.2
29	AuI_3	1.0×10^{-46}	46.0		$Co(OH)_2$(蓝)	6.31×10^{-15}	14.2
30	$Ba_3(AsO_4)_2$	8.0×10^{-51}	50.1	64	$Co(OH)_2$(粉红，新沉淀)	1.58×10^{-15}	14.8
31	$BaCO_3$	5.1×10^{-9}	8.29		$Co(OH)_2$(粉红，陈化)	2.00×10^{-16}	15.7
32	BaC_2O_4	1.6×10^{-7}	6.79	65	$CoHPO_4$	2.0×10^{-7}	6.7
33	$BaCrO_4$	1.2×10^{-10}	9.93	66	$Co_3(PO_4)_2$	2.0×10^{-35}	34.7
34	$Ba_3(PO_4)_2$	3.4×10^{-23}	22.44	67	$CrAsO_4$	7.7×10^{-21}	20.11
35	$BaSO_4$	1.1×10^{-10}	9.96	68	$Cr(OH)_3$	6.3×10^{-31}	30.2

序号	分子式	K_{sp}	pK_{sp} ($-\lg K_{sp}$)	序号	分子式	K_{sp}	pK_{sp} ($-\lg K_{sp}$)
69	$CrPO_4 \cdot 4H_2O$(绿)	2.4×10^{-23}	22.62	109	$In(OH)_3$	1.3×10^{-37}	36.9
	$CrPO_4 \cdot 4H_2O$(紫)	1.0×10^{-17}	17.0	110	$InPO_4$	2.3×10^{-22}	21.63
70	CuBr	5.3×10^{-9}	8.28	111	In_2S_3	5.7×10^{-74}	73.24
71	CuCl	1.2×10^{-6}	5.92	112	$La_2(CO_3)_3$	3.98×10^{-34}	33.4
72	CuCN	3.2×10^{-20}	19.49	113	$LaPO_4$	3.98×10^{-23}	22.43
73	$CuCO_3$	2.34×10^{-10}	9.63	114	$Lu(OH)_3$	1.9×10^{-24}	23.72
74	CuI	1.1×10^{-12}	11.96	115	$Mg_3(AsO_4)_2$	2.1×10^{-20}	19.68
75	$Cu(OH)_2$	4.8×10^{-20}	19.32	116	$MgCO_3$	3.5×10^{-8}	7.46
76	$Cu_3(PO_4)_2$	1.3×10^{-37}	36.9	117	$MgCO_3 \cdot 3H_2O$	2.14×10^{-5}	4.67
77	Cu_2S	2.5×10^{-48}	47.6	118	$Mg(OH)_2$	1.8×10^{-11}	10.74
78	Cu_2Se	1.58×10^{-61}	60.8	119	$Mg_3(PO_4)_2 \cdot 8H_2O$	6.31×10^{-26}	25.2
79	CuS	6.3×10^{-36}	35.2	120	$Mn_3(AsO_4)_2$	1.9×10^{-29}	28.72
80	CuSe	7.94×10^{-49}	48.1	121	$MnCO_3$	1.8×10^{-11}	10.74
81	$Dy(OH)_3$	1.4×10^{-22}	21.85	122	$Mn(IO_3)_2$	4.37×10^{-7}	6.36
82	$Er(OH)_3$	4.1×10^{-24}	23.39	123	$Mn(OH)_4$	1.9×10^{-13}	12.72
83	$Eu(OH)_3$	8.9×10^{-24}	23.05	124	MnS(粉红)	2.5×10^{-10}	9.6
84	$FeAsO_4$	5.7×10^{-21}	20.24	125	MnS(绿)	2.5×10^{-13}	12.6
85	$FeCO_3$	3.2×10^{-11}	10.50	126	$Ni_3(AsO_4)_2$	3.1×10^{-26}	25.51
86	$Fe(OH)_2$	8.0×10^{-16}	15.1	127	$NiCO_3$	6.6×10^{-9}	8.18
87	$Fe(OH)_3$	4.0×10^{-38}	37.4	128	NiC_2O_4	4.0×10^{-10}	9.4
88	$FePO_4$	1.3×10^{-22}	21.89	129	$Ni(OH)_2$(新)	2.0×10^{-15}	14.7
89	FeS	6.3×10^{-18}	17.2	130	$Ni_3(PO_4)_2$	5.0×10^{-31}	30.3
90	$Ga(OH)_3$	7.0×10^{-36}	35.15	131	α-NiS	3.2×10^{-19}	18.5
91	$GaPO_4$	1.0×10^{-21}	21.0	132	β-NiS	1.0×10^{-24}	24.0
92	$Gd(OH)_3$	1.8×10^{-23}	22.74	133	γ-NiS	2.0×10^{-26}	25.7
93	$Hf(OH)_4$	4.0×10^{-26}	25.4	134	$Pb_3(AsO_4)_2$	4.0×10^{-36}	35.39
94	Hg_2Br_2	5.6×10^{-23}	22.24	135	$PbBr_2$	4.0×10^{-5}	4.41
95	Hg_2Cl_2	1.3×10^{-18}	17.88	136	$PbCl_2$	1.6×10^{-5}	4.79
96	HgC_2O_4	1.0×10^{-7}	7.0	137	$PbCO_3$	7.4×10^{-14}	13.13
97	Hg_2CO_3	8.9×10^{-17}	16.05	138	$PbCrO_4$	2.8×10^{-13}	12.55
98	$Hg_2(CN)_2$	5.0×10^{-40}	39.3	139	PbF_2	2.7×10^{-8}	7.57
99	Hg_2CrO_4	2.0×10^{-9}	8.70	140	$PbMoO_4$	1.0×10^{-13}	13.0
100	Hg_2I_2	4.5×10^{-29}	28.35	141	$Pb(OH)_2$	1.2×10^{-15}	14.93
101	HgI_2	2.82×10^{-29}	28.55	142	$Pb(OH)_4$	3.2×10^{-66}	65.49
102	$Hg_2(IO_3)_2$	2.0×10^{-14}	13.71	143	$Pb_3(PO_4)_3$	8.0×10^{-43}	42.10
103	$Hg_2(OH)_2$	2.0×10^{-24}	23.7	144	PbS	1.0×10^{-28}	28.00
104	HgSe	1.0×10^{-59}	59.0	145	$PbSO_4$	1.6×10^{-8}	7.79
105	HgS(红)	4.0×10^{-53}	52.4	146	PbSe	7.94×10^{-43}	42.1
106	HgS(黑)	1.6×10^{-52}	51.8	147	$PbSeO_4$	1.4×10^{-7}	6.84
107	Hg_2WO_4	1.1×10^{-17}	16.96	148	$Pd(OH)_2$	1.0×10^{-31}	31.0
108	$Ho(OH)_3$	5.0×10^{-23}	22.30	149	$Pd(OH)_4$	6.3×10^{-71}	70.2

续表

序号	分子式	K_{sp}	pK_{sp} $(-\lg K_{sp})$	序号	分子式	K_{sp}	pK_{sp} $(-\lg K_{sp})$
150	PdS	2.03×10^{-58}	57.69	175	$Tb(OH)_3$	2.0×10^{-22}	21.7
151	$Pm(OH)_3$	1.0×10^{-21}	21.0	176	$Te(OH)_4$	3.0×10^{-54}	53.52
152	$Pr(OH)_3$	6.8×10^{-22}	21.17	177	$Th(C_2O_4)_2$	1.0×10^{-22}	22.0
153	$Pt(OH)_2$	1.0×10^{-35}	35.0	178	$Th(IO_3)_4$	2.5×10^{-15}	14.6
154	$Pu(OH)_3$	2.0×10^{-20}	19.7	179	$Th(OH)_4$	4.0×10^{-45}	44.4
155	$Pu(OH)_4$	1.0×10^{-55}	55.0	180	$Ti(OH)_3$	1.0×10^{-40}	40.0
156	$RaSO_4$	4.2×10^{-11}	10.37	181	TlBr	3.4×10^{-6}	5.47
157	$Rh(OH)_3$	1.0×10^{-23}	23.0	182	TlCl	1.7×10^{-4}	3.76
158	$Ru(OH)_3$	1.0×10^{-36}	36.0	183	Tl_2CrO_4	9.77×10^{-13}	12.01
159	Sb_2S_3	1.5×10^{-93}	92.8	184	TlI	6.5×10^{-8}	7.19
160	ScF_3	4.2×10^{-18}	17.37	185	Tl_3N	2.2×10^{-4}	3.66
161	$Sc(OH)_3$	8.0×10^{-31}	30.1	186	Tl_2S	5.0×10^{-21}	20.3
162	$Sm(OH)_3$	8.2×10^{-23}	22.08	187	$TlSeO_3$	2.0×10^{-39}	38.7
163	$Sn(OH)_2$	1.4×10^{-28}	27.85	188	$UO_2(OH)_2$	1.1×10^{-22}	21.95
164	$Sn(OH)_4$	1.0×10^{-56}	56.0	189	$VO(OH)_2$	5.9×10^{-23}	22.13
165	SnO_2	3.98×10^{-65}	64.4	190	$Y(OH)_3$	8.0×10^{-23}	22.1
166	SnS	1.0×10^{-25}	25.0	191	$Yb(OH)_3$	3.0×10^{-24}	23.52
167	SnSe	3.98×10^{-39}	38.4	192	$Zn_3(AsO_4)_2$	1.3×10^{-28}	27.89
168	$Sr_3(AsO_4)_2$	8.1×10^{-19}	18.09	193	$ZnCO_3$	1.4×10^{-11}	10.84
169	$SrCO_3$	1.1×10^{-10}	9.96	194	$Zn(OH)_2$	2.09×10^{-16}	15.68
170	$SrC_2O_4\cdot H_2O$	1.6×10^{-7}	6.80	195	$Zn_3(PO_4)_2$	9.0×10^{-33}	32.04
171	SrF_2	2.5×10^{-9}	8.61	196	α-ZnS	1.6×10^{-24}	23.8
172	$Sr_3(PO_4)_2$	4.0×10^{-28}	27.39	197	β-ZnS	2.5×10^{-22}	21.6
173	$SrSO_4$	3.2×10^{-7}	6.49	198	$ZrO(OH)_2$	6.3×10^{-49}	48.2
174	$SrWO_4$	1.7×10^{-10}	9.77				

参 考 文 献

[1] 武汉大学．分析化学(第5版)．北京：高等教育出版社，2006.
[2] 顾国耀．分析化学．北京：高等教育出版社，2010.
[3] 柴逸峰．分析化学．北京：人民卫生出版社，2017.
[4] 王敏．化学分析．北京：化学工业出版社，2016.
[5] 谢美红．分析化学．北京：化学工业出版社，2013.
[6] 吕杰．分析化学及实验技术．北京：人民军医出版社，2012.
[7] 杭太俊．药物分析．北京：人民卫生出版社，2016.